풍수명당이 **부자**를 만든다

✣ 일러두기

이 책에 등장하는 건축물 등은 풍수 이론을 설명하기 위한 사례일 뿐이며, 그 해석은 저자의 학술적인 견해임을 밝힌다.

풍수명당이 부자를 만든다

경영자들이 꼭 알아야 할 풍수 매뉴얼 ◎ 박정해 지음

평 단

머리말

어려서부터 선친에게 풍수에 관한 이야기를 많이 들어서인지 풍수는 내게 생활 그 자체였다. 대학에 입학하고 나서부터는 풍수 관련 서적에 더 매력을 느꼈다. 전공 서적은 사지 않아도 풍수 관련 서적은 꼭 샀으니 말이다. 단순히 내가 풍수에 관심이 많아서라고만 생각했는데 그게 아니었다. 우연한 기회에 집에 보관되어 있던 족보를 보게 되었는데, 조선시대 명풍수가로 이름을 떨친 박상의朴尙義가 내 조상이었다. 그때부터 내가 풍수를 좋아하는 것이 순전히 관심 때문만은 아니라고 생각했다.

이 책은 한양대학교 석사학위 논문 〈풍수지리 관점으로 본 서울 근교 음식점의 입지 패턴에 관한 연구〉를 수정하고 추가해서 엮은 것이다. 그동안 풍수는 일부 사람들에게만 국한되어 있었으나 나는 풍수를 일반인들에게도 알리고 싶었다. 풍수는 우리 일상과 멀리 떨어져 있는 어렵고 복잡한 것이 아니라 언제나 현실에 적용 가능한 매우 실질적인 것이기 때문이다. 일상생활에서 사람들이 풍수를 쉽게 접할 수 있게 되기를 바라는 마음으로 이 책을 썼다. 내 나름으로 이 책을 통해 풍수의 현대화를 꾀한 것이다. 그래도 일상과 긴밀한 주제로 쉽게 다가가고자 했으나 아쉬움은 조금 남는다.

오랫동안 풍수를 공부하면서 느낀 것은 풍수의 현대화는 필연적이라는 것이다. 이 책이 그 흐름에 조금이나마 보탬이 되었으면 하는 바람이다. 나는 풍수가 일반인들과 함께하지 못하고 일부 특정인의 것으로 남아서는 안 된다는 소신을 가지고 풍수의 대중화를 이루기 위해 집필 활동을 계속할 것이다. 물가의 지속적인 상승과 불안정한 경제 속에서 서민들의 삶이 점점 더 힘들어지고 있는 요즘, 이 책이 실생활에 작게나마 도움이 되었으면 한다.

이 책이 출간되기까지 여러 사람의 도움을 받았다. 도면을 그려준 김승원과 조남선 고문, 예봉스님, 사진을 촬영해 준 김영철 위원장에게 심심한 감사의 말씀을 전한다. 그리고 정통풍수지리학회 명예 이사장이신 정경연 선생님과 학회 회원들께도 감사의 마음을 전한다. 출간을 흔쾌히 독려해주고 풍수 연구의 길을 가는 데 언제나 힘이 되어 주신 한동수 교수님에게 감사의 말씀을 올린다. 마지막으로 늘 함께해 주는 아내에게 감사의 마음을 전한다.

2010년 초가을
서울 서초동 정통풍수지리학회 연구실에서
박정해

차례

제1장 돈을 부르는 명당

제2장 장사 잘되는 방향

제3장 재물운이 따르는 건물

제4장 손님이 들끓는 가게 만들기

제5장 장사 잘되는 집 방문기

풍수로 보는
대한민국 대기업 사옥

현대 사람들이 가장 원하는 것은 돈 걱정 없이 풍요롭게 사는 것이 아닐까? 언제부터인가 '부자되세요' 나 '돈 많이 버세요' 같은 말들이 덕담이 되어버렸다. 예전에는 천박하다 생각되어 입 밖에 내지도 못했던 말들이 이제는 가장 듣기 좋은 덕담이 된 것이다.

현대를 사는 사람이라면 누구나 재벌을 부러워할 것이다. 재벌들 대부분이 사업 수완이나 돈 되는 일을 보는 시각이 일반인에 비해 탁월하다. 타고난 능력 덕분일 것이다. 그런데 거기에 풍수도 한몫했다는 사실을 알고 있는가? 재벌 기업들의 사옥이 있는 터는 대부분이 명당이고 건물도 돈을 끌어모으는 형상이다. 사업을 하고 있거나 창업할 계획이 있는 사람이라면 절대 놓쳐서는 안 될 부분이다. 대기업들의 사옥 모양과 특징을 살펴보고 그 기업이 어떻게 성장 발전했는지 눈여겨보는 것부터가 부자되는 길의 시작이다.

삼성그룹 사옥

삼성그룹 본관은 북한산을 출발한 용맥龍脈이 청와대 뒷산인 북악산을 일으키고 인왕산을 거쳐 남산으로 이어지는, 용이 휘감아 도는 듯한 둥그런 보국을 만든 곳에 작은 맥을 하나 뻗어내려 혈을 결지한 곳에 있다. 고 이병철 회장의 풍수 안목이 매우 뛰어나다는 것은 익히 알려진 사실인데, 삼성그룹 사옥이 바로 그 진면목을 보여주고 있다.

좋은 터에 건물의 형태도 수직선과 수평선이 조화를 이루는 네모 반듯한 모습으로 삼성의 특징을 고스란히 나타내고 있다. 이것은 성장과 관리가 조화를 이루고 있음을 나타내는데, 자세히 보면 수평선이 조금 더 굵어 관리의 삼성이라는 명성과도 부합하고 있다. 참으로 좋은 곳에 자리 잡았을 뿐 아니라 건물의 외관과 형상도 풍수적 관점에서 볼 때 부족함 없이 완벽하다.

사진1 삼성그룹 본관

강남 사옥은 한 동인 본관에 비해 두 동으로 세워져 다양성을 중시한 것으로 보인다. 건물의 외관도 수직선을 강조한 동과 수평선을 강조한 동이 혼재

사진2 수평선과 수직선이 교차한 삼성그룹 강남사옥

하는데, 이 역시 다양성을 반영한 것이라 볼 수 있다. 수평선이 강조된 건물에 입주한 계열사는 내실 위주의 경영을, 수직선이 강조된 건물에 입주한 계열사는 확장 위주의 경영을 할 것으로 보인다.

현대자동차 사옥

양재동에 있는 현대자동차 사옥은 구룡산 용맥이 힘차게 흘러와 멈춘 곳에 자리 잡고 있다. 게다가 경부고속도로변에 있어 광고 효과도 단단히 누리고 있다. 현대자동차와 기아자동차가 큰 기둥을 형성하고 있는데, 현대자동차 사옥이 더 크고 높다. 이것은 형과 동생처럼 보이기도 하지만 작은 건물에 입주한 계열사가 조금 위축되어 보일 수 있다는 점에 주의를 기울일 필요가 있다. 외관은 금형체金形體

사진3 현대자동차 사옥

로 아주 아름답고 안정된 형상이다.

LG그룹 사옥

LG그룹 사옥은 쌍둥이빌딩으로 여의도에 있다. 완전한 평지는 아니지만, 매우 안정된 지기地氣를 느낄 수 있고 건물의 외관도 안정적이다. 그러나 서로 등을 돌린 형상으로, 두 건물을 연결하는 통로를 조성하여 하나로 연결되는 효과를 찾고자 했다. 실제로 오랜 동업자인 허씨와 구씨가 갈라서는 현상이 나타났다. 건물의 외관 설계를 신중하게 해야 함을 잘 보여주는 사례다.

사진4 LG그룹 사옥

SK그룹 사옥

북악산의 한 자락이 청계천을 만나 그 이상 흘러가지 못하고 지기를 뭉쳐놓은 곳에 SK그룹 사옥이 있다. 예부터 서울의 권문세가들은 주로 청계천 북쪽에 자리 잡고 살았다. 배산임수의 전형적인 형세를 갖추었을 뿐 아니라 북악산의 산세가 모두 탈살脫殺되어 순해졌기 때문이다. 또 우리나라 지형에서는 물이 동쪽으로 흐르는 것을 좀처럼 보기 어려운데, 청계천이 전면에 유유히 흐르고 있어 음양교배가 제대로 이루어지는 형세이기 때문이기도 하다.

이 사옥의 특징은 거북이가 물로 들어가는 형상을 하고 있다는 것이다. 정면에는 거북이의 발을 상징하는 검은 돌을 깔았고, 후문 쪽에는 출입 방향을 표현하는 것처럼 숨겨서 거북이의 꼬리를 만들어

사진5 SK그룹 사옥

사진6 SK그룹 사옥의 거북이 발

사진7 SK그룹 사옥의 거북이 꼬리

놓았다. 거북이의 생명력이 긴 것처럼 그룹이 오랫동안 제일의 재벌로 군림할 수 있기를 바라는 깊은 뜻이 담긴 것으로 볼 수 있다.

현대건설 사옥

현대건설은 현대그룹이 우리나라 최고의 재벌로 성장하는 데 큰 역할을 담당했다. 사옥은 종로에 있는데 이곳도 예부터 명당으로 알려져 있다. 북악산 자락이 부드러운 맥을 하나 뻗은 자락의 과룡처過龍處에 현대건설 사옥이 있다.

일반적으로 혈은 순하고 생기 넘치는 기운을 모을 수 있는 곳에 맺힌다. 그런데 아쉽게도 현대건설 사옥의 입수룡은 머무르지 못하고 앞으로 더 흘러가고 있는데, 이것은 사옥 앞쪽의 도로를 통해서도 알 수 있다. 이처럼 산 능선이 멈추지 못하고 흘러가는 곳은 기가 세다. 고 정주영 회장처럼 강한 기의 소유자라면 능히 이겨내고 새로운 힘으로 활용할 수 있겠지만 기가 약한 사람은 이겨내기 어려울 수 있다.

건물의 형상을 보면 기둥이 하늘을 향해 우뚝 솟은 것을 볼 수 있다. 이것은 현대그룹을 창업한 고 정주영 회장의 불도저 같은 강한 추진력을 그대로 드러내고 있다. 위로 솟은 기둥은 둥그런 무곡성의 형상으로 강한 부를 축적하는 형상이다. 그러나 상부의 모습은 수평으로 뻗은 형상이 매우 강하게 내리누르는 모습으로, 강한 카리스마를 바탕으로 전체를 지배하는 군주의 모습이 연상된다. 어찌 보면 건물주의 성격이 그대로 드러나는 대표적인 건물이라 할 수 있다.

사진8 현대건설 사옥

대우그룹 사옥

서울역에 내려서 걸어 나오는 사람이라면 누구나 대우빌딩의 웅장함에 주눅 들고 말 것이다. 서울에 입성하자마자 마주치는 대우빌딩의 모습은 아주 강한 느낌을 준다. 촘촘히 나열되어 있는 강한 수직선과 짙은 밤색의 건물은 더욱 강한 인상으로 남는다.

대우빌딩은 남산의 한 자락이 행룡하다가 급격히 고개를 숙이고 내려가 멈춘 부분에 자리 잡고 있다. 용맥의 기세는 상당히 강한 느낌이다. 이 건물에서도 강한 추진력을 바탕으로 확장 위주의 경영을 한 김우중 전 회장의 스타일이 그대로 드러난다. "세상은 넓고 할 일은 많다"고 말했던 김우중 전 회장은 작은 무역회사인 대우실업으로 출발하여 대한민국 굴지의 재벌이 되었다. 아주 짧은 기간 동안 이룩한 성과다.

건물의 형상이 웅장해 아기자기한 느낌은 덜하며, 수직선을 강조하다 보니 관리적인 면은 소홀했을 수도 있다. 주위의 모든 건물을 압도하고 사람들을 압도하지만 어머니 같은 푸근함은 잘 느껴지지 않는다. 어머니처럼 살뜰히 챙기고 살림을 꾸려간다는 느낌이 부족하다. 대우그룹의 실패 원인을 여기서 찾아볼 수 있겠다.

하지만 김우중 전 회장의 사무실이 힐튼호텔(남산에 위치)에 있었다는 사실을 잊어서는 안 된다. 힐튼호텔은 상당히 가파른 언덕에 있다. 이러한 곳은 기가 완전히 탈살되지 못해 사람이 살기에 적합하지 않다. 아주 강한 기를 지닌 사람이라면 그런 기를 견뎌낼 수는 있겠지만, 자연의 흐름을 거스르고 성공한 사람은 거의 없다. 젊고 패기

사진9 전 대우그룹 사옥

넘치는 젊은 기운일 때는 이겨낼 수 있을지 몰라도 노년기에 접어들면, 그때는 그 기를 감당하기 어렵다. 이처럼 가파른 곳에는 물이 머물 수 없다. 돈이 머물지 못하고 급속히 빠져나가는 이치와 같다.

제1장

돈을 부르는 명당

장사가 잘되는 입지 조건과 건물의 모양은 상식적인 면에서 접근해도 찾을 수 있다. 일상에서 편하고 부담 없이 쉽게 접근할 수 있는 곳이 있다면, 그곳이 바로 풍수에서 말하는 좋은 입지다. 일상에서 흔히 보는 평범한 형상의 건축물이 사람들에게 부담을 주지 않아 오히려 장사가 잘된다.

장사가 잘되는 터는 따로 있다

장사 잘되는 터가 따로 있다고? 그저 열심히 장사하면 되는 게 아니라 장사 잘되는 터가 따로 있다니, 도대체 어떤 곳일까? 풍수이론을 기준으로 볼 때 좋은 입지는 항상 높은 매출을 자랑한다. 그러므로 터를 무시하고는 장사가 잘되기를 바랄 수 없다.

종종 한 지역에 같은 업종의 상점들이 몰려 있는 경우를 보게 되는데, 그중에도 잘되는 집이 있고 그렇지 못한 집이 있다. 특별히 눈에 띄게 다른 점도 없는데 유독 한 집에만 손님이 몰려든다면 그것은 그 집만의 노하우로 보기 어렵다. 그 집 고유의 노하우에 뭔가 플러스적인 요인이 있는 것이다. 이것이 풍수적인 관점에서 말하는 입지의 영향이다.

좋은 입지는 사람들을 몰려들게 할 뿐 아니라 경영자가 현명한 판단을 내리도록 보이지 않게 도움을 준다. 이것이 바로 명당의 위력이다. 우리가 흔히 말하는 '목이 좋아야 장사가 잘된다'는 말도 바로 이 입지 풍수에 대한 것이다. 따라서 업종에 맞는지와 접근성, 교통상황과 인테리어 등을 고려한 입지 선택은 경영자에게 가장 중요한 선택 사항이다.

장사가 잘되는 입지 조건과 건물의 모양은 상식적인 면에서 접근해도 찾을 수 있다. 풍수를 너무 어렵게 생각하거나 일상과 멀리 떨어져 있는 것으로 생각하면 오히려 좋은 입지를 찾기가 어렵다. 일상에서 편하고 부담 없이 쉽게 접근할 수 있는 곳이 있다면, 그곳이 바로 풍수에서 말하는 좋은 입지다.

건물의 모양도 마찬가지다. 일상에서 흔히 보는 평범한 형상의 건축물이 사람들에게 부담을 주지 않아 오히려 장사가 잘된다. 즉, 원

사진 1-1 1층을 주차장으로 사용했다.

형이나 네모반듯한 건물이 돈을 잘 벌 수 있는 건축물인 것이다. 반대로 위로 갈수록 작아지거나 요철(오목함과 볼록함)이 많은 건물과 1층을 필로티piloti(밑을 틔워 놓음)로 띄운 건물 혹은 가운데 구멍이 뚫린 건물과 복잡한 형상의 건물은 부담감을 주어 오히려 사람들의 접근성을 떨어뜨린다.

장사가 잘되는 입지 조건

지하철 환승역, 급부상하는 새로운 상권

우선 지하철 환승역은 사람들로 넘쳐나 구매력을 지닌 인적자원이 풍부하다. 사람이 모여야 구매와 수요가 발생하고 소비가 이루어지는데, 사람들이 많이 지나다니는 지하철 환승역은 교통 흐름의 결절

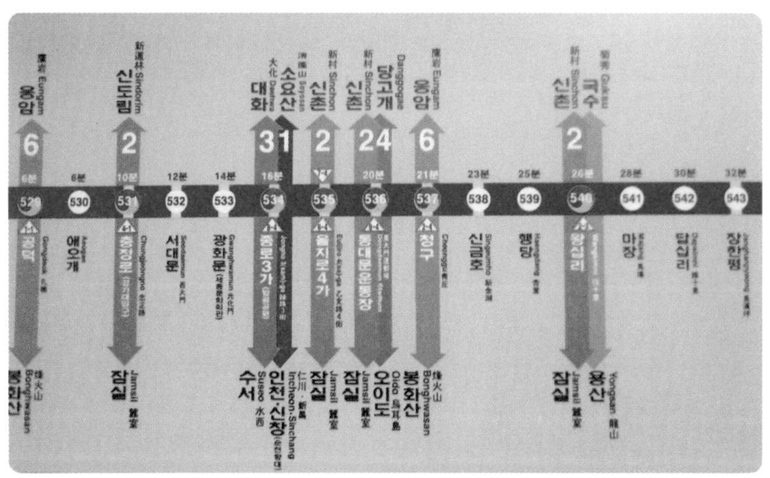

사진1-2 지하철 환승역은 교통 요충지이자 인적자원이 풍부한 곳이다.

부분으로 교통의 요지에 해당해 사람들의 접근성이 매우 좋다. 게다가 지하철 환승역 대부분이 버스와 연계되어 큰 상권을 형성하는 데 매우 유리하다. 이것은 사람들을 끌어들이는 또 다른 촉매제로 작용한다.

하천이나 도로가 둘러싸고 있는 안쪽

풍수에서는 물이 돈을 관장한다고 하여 물을 매우 중요시한다. 흔히 돈이 사람을 따라야지 사람이 돈을 따르면 안 된다고 말한다. 돈을 따르다 보면 물불 가리지 못해 패가망신하기 십상이기 때문이다. 도심에서는 도로가 물의 역할을 대신하므로 물과 도로를 잘 살펴보고 하천이나 도로가 안아주는 안쪽(옥대수玉帶水)을 사업장으로 선택해야 한다.

풍수에서는 음양이 조화를 이루어야 기가 모인다고 한다. 양陽인 물과 음陰인 건물이 조화를 이루어 기가 모이면 사람들은 그곳으로 몰려들게 되고, 그곳이 곧 장사 명당이 되는 것이다. 반대로 도로가

사진 1-3 물이 안아주는 상권

사진 1-4 도로가 안아주는 쪽이 상권이 발달한다.

반배한 곳, 즉 도로가 등을 돌린 곳(반궁수反宮水)은 음양이 조화를 이루지 못한 곳으로 기가 모이지 않아 발전이 되지 않는다. 이런 곳은 사람들이 적게 모여들어 장사도 잘 안 되고 권리금도 낮게 형성된다.

뒤가 높고 앞이 평탄한 지형

뒤에는 산이 있고 앞에는 물과 넓은 들이 있는 지형을 배산임수背山臨水라 하는데, 사람들은 오랫동안 이런 곳에 마을을 형성해 왔다. 그렇다면 사람들은 왜 굳이 이런 곳을 찾아 정착했을까? 그것은 생활 형태와 심리적인 면에서 배산임수 지형이 가장 평온하게 인식되었기 때문이다.

모름지기 장사는 사람들이 모여들고 접근하기 좋은 곳이라야 잘된다. 사람들이 모여들기 쉽고 접근하기 좋은 곳, 아주 단순한 이 조건

사진 1-5 도심에서는 큰 건물이 산의 역할을 대신하고 그 이면 도로변에 먹자골목이 형성된다.

만 충족시키면 사람들은 금방 모여든다.

도심에서는 높은 산의 역할을 대신하는 것이 바로 고층 건물이다. 큰 고층 건물이 들어서면 그 이면의 작은 건물들에는 근린생활시설이 들어서 호황을 누리게 된다. 큰 건물 하나가 들어서면 입주자가 적게는 몇 백 명에서 많게는 몇 천 명에 이르므로 그 주변 일대는 대단한 인적자원을 확보하게 되는 것이다.

평평한 지형

동서고금을 막론하고 경사지나 언덕 위에 번화가downtown가 형성된 경우는 없다. 높은 곳에는 물이 머물지 못하고 바로 빠져나가기 때문이다. 그러므로 물이 모이는 곳, 즉 재물이 모이는 평평한 지형에 번화가가 형성되는 것은 아주 자연스러운 이치다. 게다가 사람의 심리도 높은 곳보다는 접근하기 편하고 이동하기에 부담이 없는 평지를 선호한다.

사진1-6 신세계백화점

사진1-7 롯데백화점

사진1-8 현대백화점

그런 이유로 번화가는 권리금과 임대료가 상당히 비싸지만 그만큼 장사가 잘된다. 그런 곳에 한 번 자리 잡은 점포는 웬만해서는 이동하지 않기 때문에 그곳에 점포를 구하는 일은 하늘의 별 따기다. 대표적인 지역으로는 명동, 종로, 강남역, 홍대입구, 영등포, 대학로, 동대문 등이 있으며, 건물에는 신세계백화점, 롯데백화점, 현대백화점 등이 있다.

안쪽으로 깊은 직사각형의 대지

풍수에서 마당은 재물을 관장하는 공간이다. 직사각형의 대지에 건물을 배치하고 나면 마당은 자동적으로 정사각형이 되는데, 이런 네모반듯한 공간은 돈이 모일 수 있는 최적의 지형이다. 대지가 반듯하지 못하면 재물이 모이는 데 불리한 형상이 된다. 불가피하게 대지가 삼각형이나 복잡한 형상이 되면 나무를 심거나 담장을 쳐서 가려주는 것이 좋다.

코너에 있는 상가

코너에 있는 상가는 따로 광고할 필요가 없다. 도로에 맞닿은 면적이 많다 보니 광고 효과를 최대한 누릴 수 있다. 또 도로 건너편에서도 잘 보이고 접근성도 좋아 장사가 아주 잘된다. 이런 곳은 특히 부동산 업종에서 매우 선호한다. 그러나 많이 벌면 많이 나가는 법이다. 임대료가 월등하게 비싸다는 단점이 있다. 그런데도 프로정신이 투철한 사업가들은 이런 곳을 선호한다.

사진 1-9 코너에 있는 상가 건물 중에서도 코너에 있는 상가를 선호한다.

피해야 할 입지 조건

장사가 잘되는 지형이 있다면 그 반대인 곳도 있기 마련이다. 우선 골짜기를 보면, 골짜기는 골바람을 맞고 수맥의 피해를 받는다. 이와 유사한 형태가 바로 막다른 골목에 있는 건물이다. 다음으로 언덕 위나 경사지를 들 수 있는데, 이런 곳은 사람들의 접근성이 떨어져 장사가 잘되지 않는다.

골짜기

양쪽에 산 능선이 있고 가운데 평탄한 지형의 논과 밭이 있으면 좌청룡 우백호라 하여 사람들이 선호하는 경향이 있는데 이것은 매우 위험한 생각이다. 이런 곳은 원래 물이 흐르는 곳으로, 물이 눈에 보이지 않더라도 땅 속으로 흐른다. 즉, 수맥과 골바람의 피해를 받는 것이다. 또 땅의 정기를 받을 수 없어 음습한 분위기를 풍기므로 사람들이 접근을 꺼린다. 이런 곳에 있는 장삿집치고 장사 잘되는 집을 찾아보기 어렵다. 매우 주의를 요하는 곳이다.

사진1-10 골짜기에 있으면 장사가 잘 안 된다.

그림1-1 골짜기에 있는 집

막다른 도로나 골목

막다른 골목에 있는 건물의 전망이 좋다고 하여 이런 곳을 선호하는 사람들이 있는데 이는 절대 잘못된 생각이다.

이러한 곳은 사고가 끊이지 않고 일어난다. 또 그곳에서 밖을 바라보면 곧바로 차가 달려 들어올 것만 같아 불안한 마음이 든다. 그 때문에 사람들이 다가가기를 꺼린다. 게다가 도로 양쪽에 건물들이 서

사진 1-11 막다른 골목 끝에 있는 건물은 불안감에 손님이 찾지 않는다.

있어 도로를 타고 강한 골바람이 형성되어 그 건물을 치게 된다. 풍수에서는 기氣가 바람을 만나면 흩어진다고 하는데, 이러한 곳은 기가 모이지 못해 사람들을 끌어들이는 기운을 형성하지 못한다. 그런 곳에서 장사가 잘되기를 바라는 것은 매우 어려운 일이다.

매립지의 건축물

골짜기나 논을 메운 땅 혹은 바다를 매립한 곳은 땅의 정기를 받을 수 없다. 골짜기와 바다는 원래 물이 흐르던 곳이기 때문에 수맥의 피해에서 벗어날 수 없다. 이러한 곳은 건강을 해칠 뿐 아니라 장사도 잘 안 된다.

그림 1-2 매립지는 건강을 해친다.

경사지나 언덕 위

경사가 심한 곳은 돈을 관장하는 물이 머물지 못한다. 돈이 머물지 못하고 즉시 빠져나가는 곳은 돈이 들어온다 해도 즉시 나가는 곳이다. 돈 들어오는 곳은 많고 나가는 곳이 적어야 부자가 될 수 있다는 아주 평범한 진리가 이곳에서는 적용되지 않는다. 그러니 늘 사업에 문제가 생길 수밖에 없다.

사람은 심리적으로 낮은 곳에서 높은 곳으로 이동하는 것을 꺼리고 높은 곳에서 낮은 곳으로 이동하는 것을 선호한다. 이런 부분을 잘 생각해 보면 답은 쉽게 나온다. 경사지에 있는 건물은 권리금이나 임대료가 대부분 저렴하다. 처음 창업하는 사람들이 이 때문에 쉽게 계약을 하는데 이런 곳은 창업한 후 실패할 확률이 아주 높다. 실제로 이런 곳은 가게 주인이 수시로 바뀐다. 한 번 경매에 나온 물건은 다시 경매에 나온다는 말이 있다. 이것은 경매에 나온 물건 중 80~90퍼센트가 경사지나 언덕 위에 있기 때문이다.

대표적인 건물로 나산백화점, 삼풍백화점, 아크리스백화점 등이 있다. 나산백화점은 지하철 7호선 강남구청역에 인접해 있고 앞에는 큰 교차로가 있어 아주 좋은 교통 요지에 있다. 그러나 강남구청역 언덕 위에 자리 잡고 있어 옆으로는 청담동, 뒤로는 압구정동 방향으로 매우 심하게 경사져 있다.

삼풍백화점은 서울교육대학교에서 고속터미널로 넘어가는 언덕 꼭대기에 있다. 풍수지리적으로 이런 곳은 산 능선이 흘러가는 곳이라 하여 과룡처過龍處라 한다. 과룡처에 묘를 쓰면 삼대三代 안에 향불이 꺼진다는 말이 있을 정도로 과룡처는 모든 사람이 꺼리는 곳이다.

사진 1-12 나산백화점

사진 1-13 삼풍백화점

사진 1-14 아크리스백화점

그런 곳에서 장사를 한다니 안 되는 게 당연한 일이다.

아크리스백화점은 예술의 전당에서 서울교육대학교 쪽으로 흘러가는 능선 위에 있어 삼풍백화점과 같은 형태로 자리 잡고 있다.

쭉 흘러가는 도로변

이러한 도로변은 왠지 황량한 느낌이 들어 사람이 모이지도 머물지도 않는다. 도심이 아닌 변두리 주택가의 도로변에서 흔히 볼 수 있는 풍경이다. 주로

사진 1-15 쭉 흘러가는 도로변은 손님이 적다.

교차로와 교차로 사이에서 일어나는 현상으로 딱히 뭐라 표현하기 어려운 허전함이 있다. 이와 반대로 교차로는 사람들이 모여들기 때문에 대부분 교차로의 코너 부분을 선호한다.

계단이 있는 입구

입구는 들어가기 편한 구조여야 하는데, 입구에 계단이 있을 경우 접근성이 떨어진다. 사람은 올라가는 것보다 내려가는 것을 선호하기 때문에 대부분의 경우 계단 올라가는 것을 꺼린다. 이런 가게는 임대료뿐 아니라 권리금도 당연히 싸다. 싼 데는 다 그만한 이유가 있는 법이다. 어쩔 수 없이 계단을 올라가야 하는 구조라면 손님들이 쉽게 접근할 수 있는 방법을 찾아야 한다.

예전에는 대로변에 육교가 많았는데 지금은 거의 사라지고 없다. 이것도 마찬가지 이유에서다. 사람들이 불편해 이용하지 않기 때문이다. 그러나 지하철은 많은 시민들의 발이 되어 중요한 교통수단으로 자리 잡았다.

사진 1-16 입구에 계단이 있는 경우 접근성을 현저히 저하시킨다.

좋은 입지와 점포 선정의 중요성

창업하는 사람이 가장 먼저 느끼는 어려움이 바로 업종 선정이다. 그 다음으로 마주치는 문제가 점포를 구하는 일일 것이다. 어떤 상권에 어떤 점포를 구해야 대박 점포를 만들 수 있을까?

창업자가 독자적으로 음식점을 내는 경우 자신의 판단으로 점포를 찾아내고 선정해야 하기 때문에 걱정이 많다. 특히 점포를 얻기 위해서는 고액의 자금이 필요하다. 입지에 따라서는 임대보증금만도 상당한 금액이 된다. 그리고 여기에 점포권리금과 내부시설비까지 합하면 부담은 더욱 커진다. 그렇기 때문에 음식점을 한 번 열고 나면 점포를 이전한다는 것은 거의 불가능하다.

흔히 음식점을 '입지 중심의 사업'이라 하고, '먹는 장사는 목이다'라고 말한다. 음식점의 경우 그만큼 입지 선정이 중요하다. 입지 선정에서 실수하는 것은 처음 창업하는 사람에게 아주 치명적이다. 매출이 부진한 음식점 주인들을 만나보면 대부분 입지가 나빠서 장사가 안 된다고 말한다.

사진 1-17 인파로 넘쳐나는 명동거리

그렇다면 1급 입지 조건은 반드시 유동인구가 많은 곳일까? 많은 사람들이 그저 유동인구가 많으면 좋은 입지라고 생각하는데 꼭 그런 것만은 아니다. 물론 사람들이 몰리기 쉬운 번화가나 역세권 등 통행량이 많은 곳을 1급 입지라고 할 수 있다. 그러나 그런 곳에 있다고 반드시 성공하는 점포가 되는 것은 아니다. 실례로 교외나 변두리 지역에 있는 음식점 중에 성공한 곳들이 얼마나 많은가?

풍수길지가 곧 대박 점포

풍수길지風水吉地는 배산임수 지형, 즉 뒤로는 산이 있고 앞으로는 물이 있는 지형으로 좌청룡 우백호를 갖춘 명당이다. 이와 같은 명당 터는 사람을 끌어당기는 묘한 힘이 있어 대박집이 될 수 있는 조건을 갖추고 있다. 바로 이런 지형에 자리 잡은 음식점들이 시내든 변두리든 간에 모두 번창하고 있는 것이다.

풍수지리에 따르면 물은 재물을 관장한다. 또 물은 움직이니 양陽이고 산은 움직이지 않으니 음陰이다. 〈그림 1-3〉은 배산임수의 전형적인 형세다. 도심에서는 도로가 곧 물의 역할을 한다고 했다. 따라서 양의 도로와 음의 터가 서로 음양교배를 이루면 돈은 저절로 몰려든다. 그래서 물이 환포하는 안쪽을 장사 명당이라고 하는 것이다.

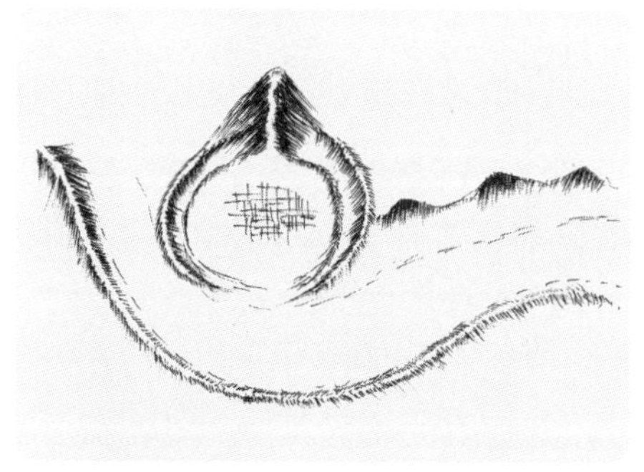
그림 1-3 배산임수 형세

실례로 도로가 생기면

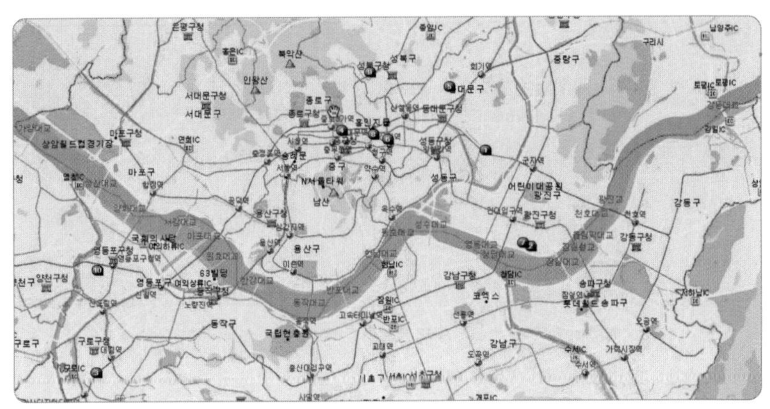

그림 1-4 한강 주변의 부촌

그 지역의 땅값이 오르고, 도로에 접한 땅은 이전보다 훨씬 비싸진다. 서울의 한강을 살펴보자. 한강이 감싸 안아주는 지역은 부촌이다. 강남의 압구정동, 강북의 동부이촌동, 새롭게 급부상하며 서울의 숲으로 대표되는 뚝섬지역은 모두 한강이 감싸고 흘러가는 곳이다.

앞에서도 말했듯이 경사지나 언덕 위에는 상권이 잘 형성되지 않는다. 임대료나 권리금만 보더라도 평지에 비해 훨씬 싸다. 동서고금을 막론하고 번화가는 낮은 평지에 형성된다. 그래서 서양에서도 번화가를 다운타운downtown이라 부르는 것이다.

그러면 장사가 잘되는 곳은 어떤 곳일까? 풍수길지가 장사가 잘된다는 것은 두말하면 잔소리다. 장사 잘되기로 유명한 음식점들을 조사해 보면 한결같이 풍수길지에 있다. 우연의 일치라고 하기에는 많은 대박 음식점들이 풍수적으로 좋은 입지에 있다는 공통점을 가지고 있다. 결국 길지에 있어야만 장사가 잘된다는 원칙을 확인한 셈이다.

사진 1-18 번화가와 산동네가 극명하게 대비된다.

그림 1-5 명당도(온양민속박물관 소장)

풍수적인 관점에서 대박집들의 특징과 공통점을 살펴보면, 첫째 풍수길지에 터를 잡았다는 것이다.

둘째, 대박식당은 주방이 가장 명당에 있다. 땅의 정기를 전달하는 입수룡入首龍이 주방으로 입수하고 있어 가장 핵심적인 위치에 주방이 있다.

셋째, 전착후광前窄後廣의 원리에 맞도록 배치되어 있다. 즉, 입구는 좁지만 안으로 들어가면 상당히 넓은 홀이 있어 여유롭게 식사할 수 있는 공간이 있다.

넷째, 전통 방식을 유지하려는 경향이 있다. 화려한 인테리어보다는 편안한 느낌이 드는 공간으로 꾸며 놓았다. 그릇도 예전부터 사용해 온 찌그러진 그릇을 사용하고 그들만의 독특한 음식 맛도 지니고 있다.

음식점의 경우 특히 주방의 위치가 중요하다. 음식점은 맛있는 음식을 손님들에게 제공하여 수익을 창출한다. 음식을 조리하는 주방은 맛있는 음식을 만들고 그 집만의 맛을 창조하는 공간이므로 위치 선정에 가장 주의를 기울여야 하고 가장 위생적인 공간이 되어야 한

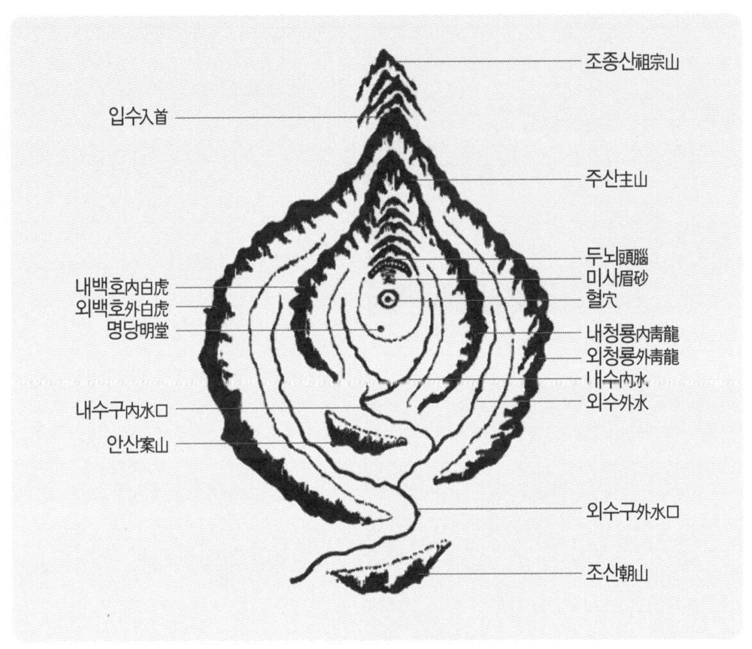

그림 1-6 풍수지리 명당의 기본구조

다. 대박집은 모두 주방이 최상의 길지에 있다. 주방이 곧 생명이기 때문이다. 음식점의 운명이 바로 주방에 달려 있으니 명당에 자리 잡는 것은 당연하다.

풍수길지 고르기

과일나무에 과일이 열릴 때 나무의 몸통이나 굵은 가지에는 열매가 열리지 않는다. 반드시 1년생 가지인 가장 작고 연약한 가지에 열매가 열린다. 산도 마찬가지여서 큰 백두대간 같은 산줄기에는 혈을

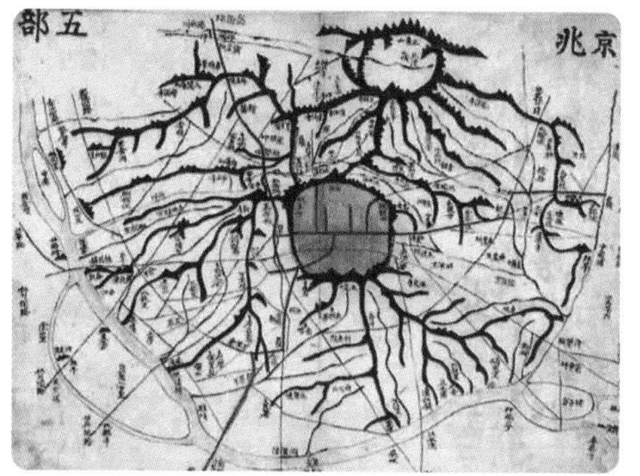

그림 1-7 대동여지도에 나타난 한양의 모습이다. 모든 산들이 감싸 주는 안쪽에 한양이 있다. 산 능선이 끝나는 부분에 알찬 열매가 열린다.

맺지 않고 다 탈살脫煞(혼탁한 기운을 모두 털어냄)하여, 부드럽고 순해진 야산에 혈을 맺는다. 따라서 야산 끝자락은 대박집이 될 수 있는 좋은 곳이다. 명당을 찾으면 대박집이 될 확률을 높일 수 있다.

우리나라를 대표하는 성당인 명동성당 터는 〈어부사시사〉로 유명한 윤선도의 집터다. 그는 풍수지리에도 밝아 왕릉을 선정하는 일에도 참여했다.

보수언론 중 하나인 중앙일보 사옥은 인현왕후의 생가 터에 자리 잡고 있다. 중앙일보가 발전한 데는 여러 이유가 있겠지만, 사옥이 자리 잡은 터의 영향도 무시할 수 없는 중요한 요인이다.

지금의 압구정동 현대아파트는 칠삭둥이 한명회가 압구정鴨鷗亭이라는 정자를 지어놓고 권력을 마음껏 휘두르던 곳이다. 오늘날 압구정동 현대아파트는 고급 아파트의 대명사로서 대한민국에서 값비싼 아파트로 손꼽히는 곳 중 하나다.

대우빌딩은 한음 이덕형의 집터로 매우 좋은 터에 자리 잡고 있다.

사진 1-19 명동성당

사진 1-20 중앙일보 사옥

사진 1-21 압구정 터

사진 1-22 전 대우빌딩

대우그룹의 발전은 사옥이 있는 터와 무관하다고 볼 수 없다. 혹자는 대우그룹이 해체되었으니 이 이론이 맞지 않다고 할 수 있으나, 그것은 경영주의 비운에 국한된 일일 뿐 대우그룹의 계열사들은 알찬 회사로 거듭나고 있다.

좋은 터는 예나 지금이나 변함없이 좋은 영향을 주고 있다. 이렇게 좋은 터의 영향은 계속 이어질 수밖에 없다.

장사가 잘되는 도로변과 택지는 모양부터 다르다

택지를 선정할 때 고려해야 할 것은 주변 도로다. 택지와 도로는 서로 조화를 이루어야 한다. 택지는 넓은데 도로가 좁거나 반대로 도로는 넓은데 택지가 좁으면 서로 조화를 이루지 못한다. 따라서 주변 도로와 조화를 이룬 택지의 건물에 알맞은 업종을 선택하면 그것이 곧 부자가 되는 지름길이 될 것이다.

장사가 잘되는 도로변

도로가 둥글게 감싸면 사람들이 모여든다

사람은 누구나 편안하게 감싸주는 공간을 좋아한다. 도로가 택지를 감싸 안으면 편안한 느낌이 들어 사람들이 모여든다. 그러면 당연

사진1-23 도로가 둥글게 감싸는 곳이 장사가 잘 된다.

히 돈도 따라 모여들게 된다. 이런 곳은 접근하기 편리하고 안정된 공간을 조성하기 때문에 장사가 잘된다.

평행하게 난 도로는 접근하기에 부담이 없다

경사가 지지 않고 반듯한 도로가 택지 앞에 평행으로 나 있으면 접근이 용이하다. 평탄한 지형의 직선 도로는 안정된 지형에 힘입어 장사가 잘된다.

사진1-24 직선 도로는 접근이 용이하다.

도로는 택지보다 낮아야 한다

도로는 택지보다 살짝 낮아야 한다. 배수가 잘되는 구조가 사람들이 접근하기에 편리하기 때문이다.

사진 1-25 도로가 대지보다 낮다.

도로의 너비는 택지의 업종을 좌우한다

도로의 너비에 따라 업종이 달라지는데, 주로 강남대로 같이 넓은 도로변에는 은행 같은 금융업이 자리한다. 2차선 도로변에는 음식점 같은 일생생활과 관련된 근린생활 업종이 자리를 차지하게 된다.

사진 1-26 강남대로

피해야 할 도로변

반배한 도로는 재산이 모이지 않는다

도로가 안아주지 않고 등을 돌린 형상은 차가 달려들 것 같은 불안감을 준다. 이렇게 불안한 느낌이 드는 곳에 사람들이 들지 않는 것은 당연한 현상이다. 이런 곳은 음양이 조화를 이루지 못해 장사가 잘 안 될 뿐 아니라 재산도 모이지 않는다. 따라서 상권도 약하게 형성된다.

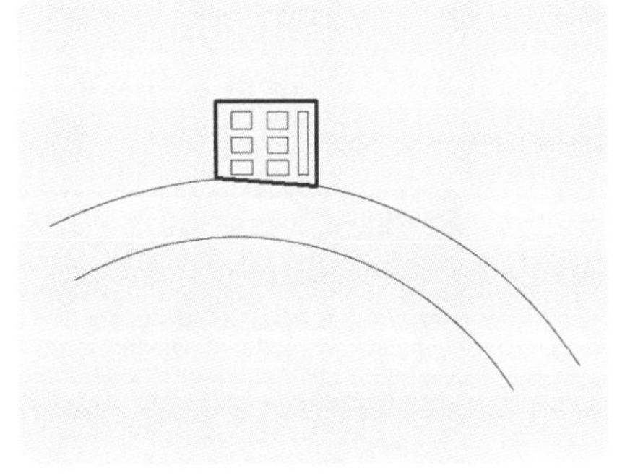

그림 1-8 도로가 등을 돌린 쪽은 상권이 약하다.

사진 1-27 도로가 반배한 곳(좌)과 도로가 환포한 곳(우)

경사진 도로는 재산이 급하게 빠져나간다

경사진 도로는 물이 머물지 못하고 곧장 빠져나간다. 돈을 관장하는 물이 곧장 빠져나가니 돈이 모일 리가 없다. 사람들의 심리 또한 높은 곳으로 올라가기보다는 낮은 곳으로 내려가는 것을 선호하므로, 낮은 평지에 상권이 형성되는 것은 당연한 이치다.

사진 1-28 경사진 도로

도로가 T자 혹은 Y자 형태로 난 곳은 재산이 급히 소멸된다

도로가 T자나 Y자 형태로 나 있으면 비명횡사 같은 화를 당할 수 있으며 재산 또한 급히 소멸된다. 이러한 지형의 택지는 항상 불안한 느낌이 들어 사람들이 접근을 꺼린다. 당연히 장사도 잘 안 된다.

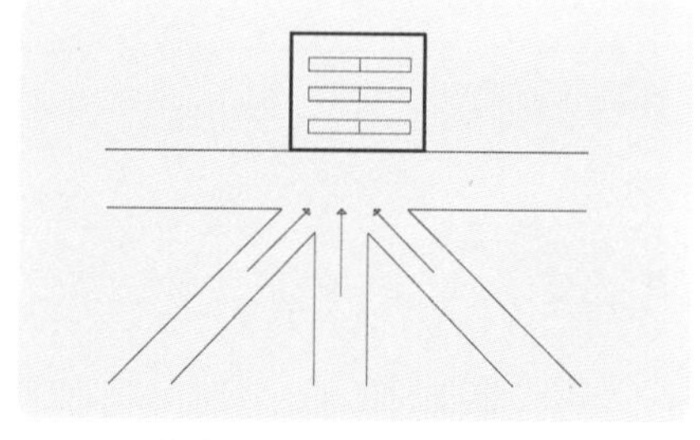

그림 1-9 곧장 난 도로

도로가 일직선으로 난 경우는 사업이 망한다

건물 출입구에서 경사진 형태로 곧장 난 도로는 물이 바로 빠져나가는 모양으로 재산을 끌고 내려가는 형상이다. 이러한 형태의 도로가 있으면 지극히 흉해 사람과 재산이 함께 망한다.

사진 1-29 건물 입구에서 경사진 도로가 곧장 빠지는 형상으로 돈이 샌다.

택지를 대각선으로 횡단하는 도로는 재산이 모이지 않는다

택지 옆에서 도로가 대각선으로 교차하는 경우로, 날카로운 삼각형 형상의 택지가 만들어져 청룡백호가 안아주지 않고 달아나는 것 같은 형상이 된다. 이러한 곳은 다툼이 많을 뿐 아니라 장사도 잘되지 않아 재산이 모이지 않는다.

택지가 도로보다 낮은 경우는 상권이 죽는다

택지가 도로보다 낮으면 장마철에 침수되는 것은 물론이고 주변의 오염 물질이 쉽게 유입된다. 일례로 고가도로가 나면 그 주변의 상권이 현저하게 죽는다.

사진 1-30 산동네의 도로 아래 건축물로 도로 위·아래의 건축물뿐 아니라 상가 건물에서도 현저한 차이를 보인다.

사진 1-31 고가도로 아래는 상권이 죽는다.

도로가 Y자 형상으로 모이는 곳은 재물 손실이 우려된다

택지 앞에서 두 개의 도로가 만나 삼각형을 만들 경우 매우 날카로운 형상이 된다. 이러한 곳은 사람들의 눈에 잘 띄고 코너가 되어 좋을 것 같지만 시비와 싸움이 끊이지 않는다. 또 재물의 손실과 화재가 날 우려도 있다.

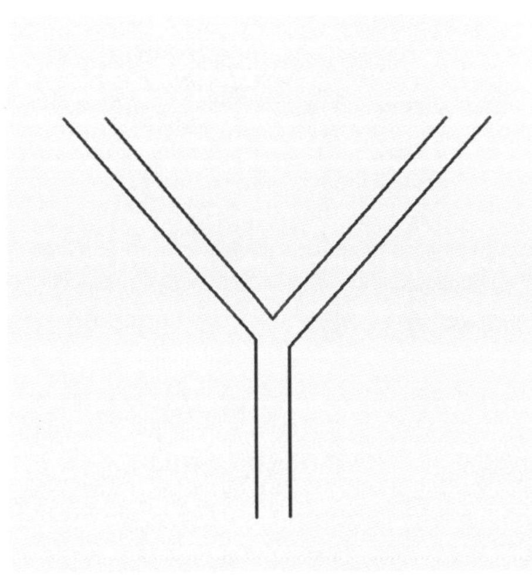

그림 1-10 도로가 삼각형이면 날카로운 형상이 되어 좋지 않다.

사진 1-32 Y자 도로 코너에 있는 건물

택지 뒤에 도로가 있으면 흉화가 끊이지 않는다

택지 뒤는 든든히 받쳐주는 부모 같은 곳으로 매우 중요한 구실을 한다. 이런 곳에 도로가 있으면 지기地氣 전달에 문제가 있을 뿐만 아니라 항상 불안감을 조성하여 건강을 해치게 된다. 일제강점기 때 일본 정부가 종묘 뒤편에 도로를 개설했는데, 조선왕조 역대 왕들의 위패가 모셔진 종묘의 정기를 끊기 위해서였다. 이처럼 택지 뒤편의 도로는 택지에 전달되는 지기를 차단하므로 좋지 않다.

장사가 잘되는 택지 모양

원형의 택지는 재물이 가득한 형상이다

평지에 있는 원형의 택지는 가장 길한 형상으로 재물이 가득하다. 그러나 실제로 둥근 형상의 택지는 존재하기 어렵다는 한계가 있다.

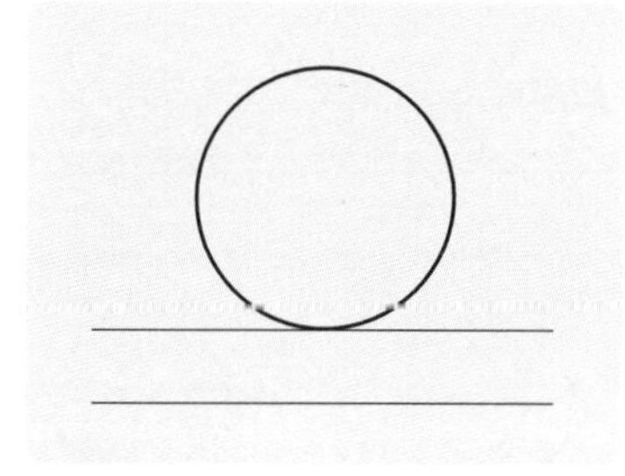

그림 1-11

안으로 긴 직사각형의 택지는 대박집의 형상이다

도로에서 안쪽으로 길게 난 직사각형의 반듯한 택지는 길하다. 특히 가로와 세로의 비율이 1대 1.618이라면 황금비율로 더더욱 좋다. 이런 대지에 건물을 짓고 나면 정사각형 모양으로 마당이 남게 되는데 현실에서 가장 선호하는 길한 형상의 택지다. 충분한 주차 공간을 확보할 수 있는 유리한 형상으로, 대박집들은 대부분이 이러한 택지의 형상에 자리를 잡고 있다.

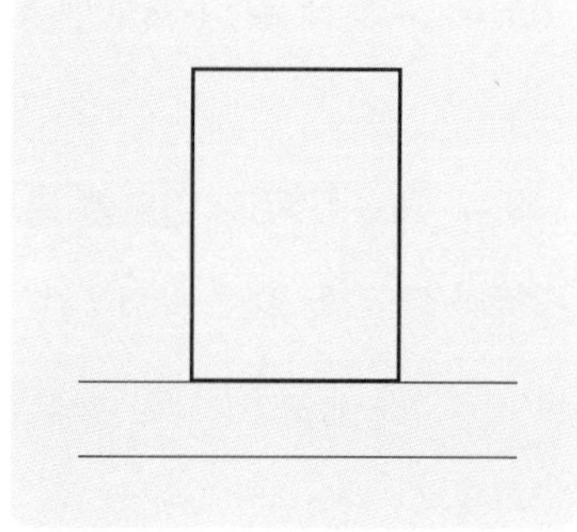

그림 1-12

정사각형 택지는 가장 안정된 형상이다

평지에 있는 정사각형의 택지는 사방이 꽉 찬 느낌이 들어 재물을 비롯한 모든 생활에 안정감과 편안함을 갖게 한다. 그러나 안정감에 치우친 나머지 큰 발전은 기대할 수 없다. 안정적으로 사업을 운영하고자 하는 사람에게는 최상이겠으나, 사업을 지속적으로 확장하고자 하는 사람에게는 적당하지 않다. 건물 배치와 주차 공간의 구성에도 다소 어려움이 있을 수 있다.

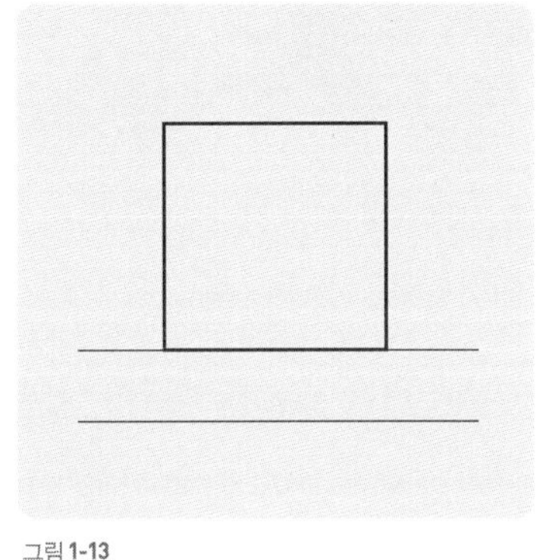
그림 1-13

입구가 좁고 갈수록 넓어지는 택지에는 알부자가 많다

전면이 좁고 안으로 들어갈수록 넓어지는 택지는 재운이 길하다. 이는 상당히 실속 있는 형상으로 소위 말하는 알부자들이 많다. 대부분의 대박집이 이런 택지의 형상이다. 울타리나 담장이 없으면 곧바로 차로 접근할 수 있어 좋을 것처럼 보이나 이것은 나가기에도 좋다. 그러나 입구가 좁은 형상은 한 번 들어가면 나오기가 어려워 잡은 고기는 절대 놓치지 않는 형상이라 할 수 있다.

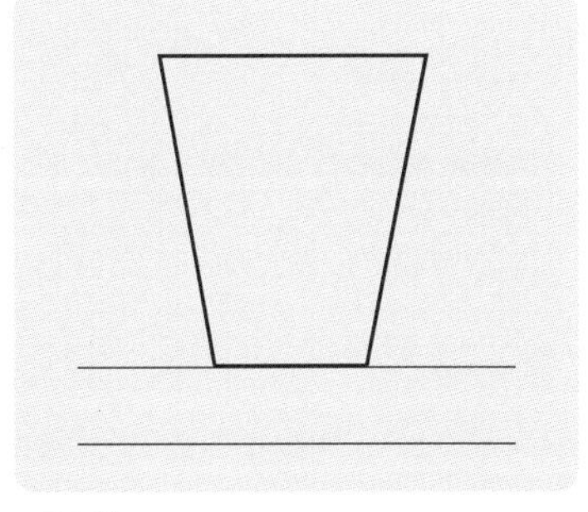
그림 1-14

사진 1-33 반구정나루터집은 대박집의 표본이다. 들어가는 입구(좌)는 좁으나 안쪽은 끝이 보이지 않을 정도로 넓다(우).

원형으로 돌출된 택지는 재물운이 좋다

사각형의 반듯한 택지에 어느 한 부분이 알맞게 원형으로 돌출되어 있으면 특히 재물운이 좋다. 사업하는 사람들이 참고하면 도움이 될 것이다.

피해야 할 택지 모양

전면이 넓고 후면이 좁은 택지는 실속이 없다

전면이 넓고 후면이 좁은 택지는 갈수록 줄어드는 형상으로 겉만 화려하고 실속이 없는 경우가 많다. 겉모양이 좋기보다는 속이 알차야 하는데, 이것은 반대로 겉은 화려해 보이나 속은 별 볼 일 없는 형상이다.

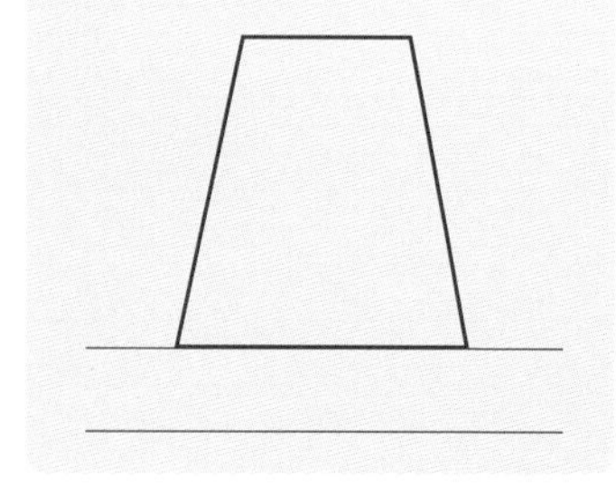

그림 1-15

삼각형의 택지는 재운이 불길하여 재산이 모이지 않는다

정삼각형의 택지는 삼면이 뾰족하고 날카로워 흉상이다. 이런 곳은 돈이 머물 만한 공간이 없어 재운도 불길하고 사람도 상할 수 있다. 또 다툼이 끊이지 않고 재산도 모이지 않으며 큰 손실만 있을 뿐이다.

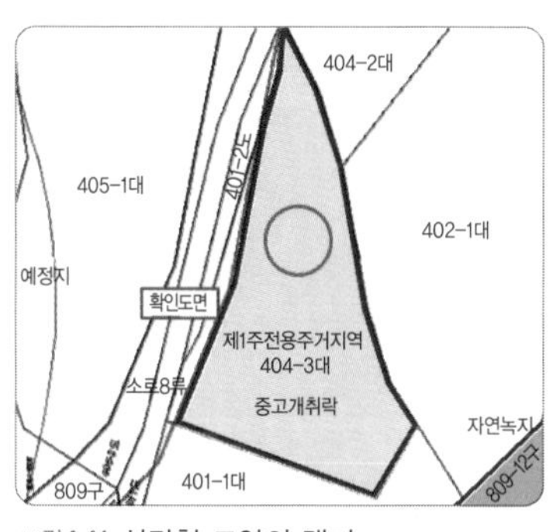

그림 1-16 삼각형 모양의 택지

사진 1-34 삼각형 모양의 택지에 세워진 건물로 재운이 불길하다.

사진 1-35 폭은 좁고 길이만 긴 형상이다.

사진 1-36 요철이 심하고 경사진 대지로 건축물의 형상도 아름답지 못하다.

도로 쪽으로 긴 택지는 겉만 번지르르하다

이러한 택지는 재운이 불길하여 겉만 번지르르할 뿐 실속이 없는 경우가 많다. 많은 상가를 건축할 수 있기 때문에 대부분의 사람들이 선호하는 형상이지만 실속과는 거리가 멀다.

요철이 많은 대지는 흉화가 많다

택지에 요철이 많으면 재물운이 따르지 않고 흉화가 많다. 이러한 택지의 경우 뾰족하게 돌출된 부분을 담장 등으로 가려주는 것이 좋다.

제2장

장사 잘되는 방향

방위별로 지배하는 기운과 작용하는 기운을 가게의 공간 구성에 활용하면 훨씬 더 합리적인 배치가 된다. 각 방위와 띠는 깊은 관련이 있다. 이것을 활용하여 가게의 위치와 방향을 정하면 훨씬 좋은 결과를 얻을 수 있다.

장사에도 방향이 중요하다

방위별 고유 영역

방위별로 지배하는 기운과 작용하는 기운을 가게의 공간 구성에 활용하면 훨씬 더 합리적인 배치가 된다.

북쪽은 계절적으로 겨울에 해당하기 때문에 음의 기운이 가장 강하다. 따라서 차분하게 사색하면서 새로운 출발을 준비하는 방향으로 적당하다. 색깔은 북쪽을 상징하는 검정색이나 흰색이 좋다. 그러나 너무 침체될 수 있으므로 양의 기운이 가장 강한 붉은색으로 분위기를 전환해 보는 것도 좋다.

북동쪽은 음에서 양으로 변하는 과정으로, 겨울에서 봄으로 가는 환절기에 해당한다. 색깔은 노란색이나 연녹색이 잘 어울린다.

동쪽은 해가 떠오르는 방향으로 봄에 해당한다. 따라서 젊음이나 창조와 개척 같은 밝은 면이 있으나 우울증 같은 어두운 면도 동시에 존재한다. 색깔은 파란색이나 분홍색이나 보라색이 잘 어울린다.

남동쪽은 일반적으로 사람들이 선호하는 방향이다. 그러나 이 방향도 밝은 면과 어두운 면이 공존한다. 색깔은 베이지색과 오렌지색 등이 잘 어울린다.

남쪽은 여름에 해당하는 방향으로, 양의 기운이 가장 강하기 때문에 상승하는 기운이 강하다. 그래서 승진이나 명예를 얻는 데 탁월한 방향이다. 색깔은 이런 기운을 받쳐주는 붉은색도 좋지만, 지나치게 강함을 덜어주는 노란색이나 흰색도 잘 어울린다.

남서쪽은 여름에서 가을로 넘어가는 환절기에 해당하여 사람들이 꺼리는 방향이다. 달리 말하면, 양에서 음으로 전환되는 변화기에 해당한다. 남서쪽은 음의 기운이 상승하므로 양의 기운은 점점 쇠한다. 가을을 남자의 계절이라고 부르는 이유도 여기에 있다.

서쪽은 결실의 계절인 가을에 해당하므로 수확이나 재물을 얻을 수 있는 방향이다. 그러나 서쪽은 해가 지는 방향으로, 짧은 시간 동안 저무는 해가 비치므로 다른 방향에 비해 어두운 면도 강하다. 색깔은 흰색이나 노란색이 잘 어울린다.

북서쪽은 CEO의 방향이라 하여 보스 기질과 주인 의식이 강한 방향이다. 또 남성적인 면이 강하여 힘이 조금이라도 과하면 오히려 마이너스로 작용할 수 있다. 색깔은 녹색이 의외로 잘 어울린다.

〈표1〉 방위별 상징력과 작용력[1]

방위	힘을 미치는 고유의 영역	행운을 가져오는 색
북北 ☵ 자子	출발, 연구, 신뢰관계, 저축, 사상 번뇌, 갈등, 고독, 음란, 빈곤 불면증, 우울증, 성병, 신장염 밀수, 모임, 안정, 고뇌, 잠재의식	검정색, 흰색, 빨간색, 갈색
북동北東 ☶ 축丑, 인寅	변화, 개혁, 전직, 저축, 부동산 정지, 중지, 탐욕, 사기 소화불량, 위장염, 허리 관절, 식욕부진	황토색, 흰색, 연녹색, 노란색
동東 ☳ 묘卯	발전, 젊음, 정보, 창조, 개척 쇠퇴, 허약, 재난, 화재 우울증, 공포심, 간·쓸개 질환	연두색, 파란색, 분홍색, 보라색
남동南東 ☴ 진辰 ,사巳	결혼, 상담, 인간관계, 재판의 승소 파혼, 결렬, 재판의 패소 감기, 신경통, 디스크, 뇌일혈	베이지색, 오렌지색, 녹색, 빨간색
남南 ☲ 오午	영전, 명예, 학문, 직감력, 사교성 감봉, 이별, 범죄, 충돌 불면증, 심장병, 전염병, 식욕부진	빨간색, 오렌지색, 녹색, 흰색
남서南西 ☷ 미未, 신申	근면, 관용, 안정, 순종, 모성애 욕망, 망신, 유혹, 자기 비하 위장병, 백치, 정신병, 치매, 정력 부진	갈색, 보라색, 회색, 노란색
서西 ☱ 유酉	수확, 재물, 대화, 연애 은퇴, 타락, 좌절, 낭비, 구설수 폐·호흡기 질환, 두통, 성병, 변비	흰색, 노란색, 갈색, 분홍색, 빨간색
북서北西 ☰ 술戌, 해亥	정의, 결단, 투자, 주인, 승부 분노, 과욕, 망상, 교통사고 신경과민, 두통, 혈액 순환, 뇌일혈	회색, 노란색, 녹색, 갈색

1. 이상인, 《행운을 부르는 인테리어》, 명상, 2003, p.17.

업종별 재물운이 따르는 방향

동쪽

해가 떠오르는 방향으로 사람에게 힘찬 에너지를 제공한다. 태양 에너지를 받아 성장하려는 사람에게 활기찬 생기와 창조적인 능력을 불어넣어 준다. 동쪽은 오행의 목木에 해당하며, 푸른 나뭇잎에서 연상되는 녹색을 상징한다. 따라서 공부와 가장 밀접한 관련성을 가진 방향이기도 하다.

인체에서는 간과 쓸개에 해당하며, 발이나 다리도 이 방위에 해당한다. 신규 진출이나 발전을 향한 새로운 기회와 창조성을 가진 방향이다. 일상생활에서는 장남 방위라고도 하며, 가족과 건강에 대한 길흉의 방향 에너지를 지닌다.

동쪽은 아침 해가 떠오르는 최고의 양기를 의미하므로 발전소처럼 엄청난 에너지를 내뿜는 업종이 유리하다.[2] 관련 업종으로는 전기전자 관련업, 과일 가게, 꽃집, 목재상, 발전기 제조업, IT 분야 관련업, 수목원 등이 있고, 직업으로는 성악가가 좋다.

남쪽

동쪽에서 떠오른 해는 남쪽에 이르러서 절정에 달한다. 즉, 남쪽은 태양이 가장 많이 비추는 방위다. 남쪽은 오행의 화火에 해당하며, 불에서 연상되는 빨간색을 상징한다. 정열과 열정 등의 기운을 증폭시키는데, 이것이 지나칠 경우 조급함이나 불안정함 같은 부정적인 결

2. 유화정, 《생활풍수》, 예가, 2002, pp.117~118.

과로 나타난다. 인체에서는 심장, 소장, 눈에 해당한다.

이 방향에는 불과 관련된 직종이 좋다. 불이라 해서 단순한 화기를 말하는 것은 아니다. 화려한 조명을 받을 수 있는 연예인, 섬광처럼 번뜩이는 지혜를 발휘하는 발명 분야, 새로운 빛과 같은 신세대의 유행이나 문화를 창출하는 분야, 인간의 문명과 관련된 모든 것을 말하는 것이다. 관련 업종으로는 출판사, 인쇄소, 법률 관련업, 문학, 언론, 교육 관련업, 연예 관련업 등이 있다.

서쪽

해가 지는 서쪽은 지상에 퍼져 있는 태양의 힘을 거둬들이는 방위로 쇠퇴를 의미하기도 하지만 결실을 의미하기도 한다. 또 성장과 활동을 멈추게 하여 휴식과 정지의 기운을 제공하기 때문에 부정적인 의미로 작용하기도 한다.

서쪽은 오행의 금金에 해당하며, 차가운 속성을 지닌 흰색을 상징한다. 인체에서는 폐와 대장에 해당하며 입을 관장한다. 이 방향에 좋은 업종으로는 보석상, 유흥업, 치과, 금융 관련업, 증권사 등이 있고, 직업으로는 인기 연예인이 있다.

북쪽

태양의 힘이 미치기 어려운 북쪽은 확산과 발전의 속성을 지닌 남쪽과 반대되는 의미를 갖는다. 태양에너지가 부족하여 안으로 축소되고 응결되는 이미지를 갖는데, 한편으로는 차분함, 정리 정돈, 의연함 등의 긍정적인 상징성을 나타내기도 한다. 북쪽은 오행의 수水

에 해당하며, 흐르는 물뿐 아니라 물이 얼어 있는 상태, 즉 얼음을 의미하기도 한다.

따라서 정돈의 의미가 강한 검은색을 상징하며, 인체의 방광과 귀를 관장한다. 이 방향에는 물과 관련된 직종의 사무실이나 가게를 내면 번창한다. 주류업, 상하수도 관련업, 횟집, 생수 관련업, 수산물 관련업, 찻집, 술집 등이 있다.

북동쪽

귀문鬼門 방향에 해당하는 북동쪽은 동쪽 기운이 그 힘을 준비하는 방위로 놀라운 변화와 혁신, 혁명의 에너지를 제공한다. 겨울에서 봄으로 넘어가는 환절기에 해당하는 계절적인 에너지를 지닌다. 북동쪽은 오행의 토土의 기운을 지니며, 검은색과 녹색과 파란색을 상징한다. 또 인체의 손과 코를 관장한다. 이 방향에 좋은 업종으로는 건축 관련업, 요식업, 창고 임대업, 숙박업, 부동산 중개업, 보험 영업소 등이 있다.

남동쪽

힘찬 출발을 의미하는 동쪽의 기운과 불을 의미하는 남쪽의 기운이 혼합된 남동쪽은 따뜻함과 생기를 불어넣는 방위로 새 출발과 인기, 연애, 대인 관계, 여행 등의 의미를 지닌다. 남동쪽은 오행의 목木의 기운을 지니며, 붉은색과 파란색과 자주색을 상징한다. 인체에서는 쓸개와 고관절과 허리를 관장한다. 이 방향에 좋은 업종으로는 여행사, 무역업, 목재, 지업사, 제지공장, 항공우편업, 유통 관련업, 운

수업 등이 있다.

남서쪽

북동쪽과 같은 귀문 방향이다. 서쪽으로 해가 지기 전에 태양이 힘을 모아 간직해 두는 방위로, 미래를 위한 저축과 인내, 준비, 모성애의 의미를 지닌다. 남서쪽은 오행의 토土에 해당하며, 붉은색과 분홍색과 베이지색 등을 상징한다. 인체에서는 내장의 모든 기관인 복부와 위장을 관장한다. 이 방향에 좋은 업종으로는 산부인과, 유아 놀이방, 유치원, 농산물 유통업종, 토목업, 부동산 중개업 등이 있다.

북서쪽

북서쪽의 방위적 시간대는 서쪽으로 해가 진 후 어두운 밤이 되기 직전의 저녁 무렵이다. 따라서 북서쪽은 하루 일의 마무리와 수습, 신성함, 우두머리의 의미를 지닌다. 북서쪽은 오행의 금金의 기운을 지니며, 차가운 느낌의 흰색과 베이지색 등을 상징한다. 인체에서는 머리와 척추를 관장한다. 이 방향에는 사장실, 총수실, 단체장의 사무실, 제철업 등이 좋다.

개인마다 재물운의 방향이 다르다

띠별 재물운을 상승시키는 방향

각 방위와 띠는 깊은 관련이 있다. 이것을 활용하여 가게의 위치와 방향을 정하면 훨씬 좋은 결과를 얻을 수 있다.

쥐띠는 주로 어두운 밤에 활동하기 때문에 밝은 기운이 강한 동쪽이나 자신을 받쳐주는 서쪽, 자신의 본명궁本命宮인 북쪽에 있는 것이 좋다. 그리고 서쪽, 동쪽, 남쪽을 향해야 한다.

소띠는 성질이 느리기 때문에 음이 강한 북쪽이나 풍족함을 상징하는 서쪽, 먹을 것이 많은 남쪽이 잘 어울린다. 그리고 남쪽, 동쪽, 북쪽을 향하는 것이 좋다.

범띠는 강한 기운을 발산할 수 있는 동쪽이나 남쪽이 좋으나, 반대로 이를 진정시킬 수 있는 서쪽도 좋다. 방향은 서쪽, 동쪽, 북쪽을 향하는 것이 좋다.

토끼띠는 먹을 것이 풍부해지는 봄이나 여름에 해당하는 동쪽과 남쪽이 잘 어울린다. 또 빠른 성격을 진정시켜 주는 북쪽도 고려해볼 만한 방위다. 방향은 서쪽, 북쪽, 남쪽이 좋다.

뱀띠는 봄이 되면 깨어나고 가을이 되면 겨울잠을 자므로 가장 왕성하게 활동하는 여름, 즉 남쪽이나 겨울을 상징하는 북쪽을 고려해볼 수 있다. 활동적인 사람은 북쪽을, 안정적인 것을 좋아하는 사람은 남쪽을 선택하여 약점을 보완하는 것도 좋다. 방향은 북쪽과 남쪽을 향하는 것이 좋다.

용띠는 동쪽이나 서쪽, 북쪽에 있는 것이 좋다. 방향은 서쪽, 동쪽, 남쪽을 향하게 한다.

말띠는 새싹이 나면서 신선한 먹을거리를 제공하는 동쪽이나 먹을 것이 풍성한 남쪽, 천고마비의 계절을 나타내는 서쪽이 좋다. 방향은 서쪽, 동쪽, 북쪽이 좋다.

원숭이띠는 활동적이기 때문에 긴 겨울을 이기고 새로이 양의 기운이 솟아나는, 즉 봄의 기운이 강한 동쪽이나 띠가 속한 서쪽이 잘 어울린다. 그리고 서쪽, 동쪽, 남쪽을 향하는 것이 좋다.

양띠는 긴 겨울의 굶주림에서 해방되는 봄기운의 동쪽과 먹을거리가 풍부한 남쪽이 잘 어울린다. 방향은 서쪽, 북쪽, 남쪽을 향하는 것이 좋다.

닭띠에게 가장 행복한 계절은 수확한 농작물이 풍성한 가을이다. 모이를 듬뿍 줄 수 있으니 닭에게 이보다 좋은 계절은 없다. 따라서 닭띠에게는 서쪽이 가장 잘 어울린다. 방향은 동쪽, 남쪽, 북쪽을 향하는 것이 좋다.

개띠에게는 춥지도 덥지도 않은 봄이 좋다. 새 옷으로 갈아입고 한껏 몸매를 자랑할 수 있는 봄, 즉 동쪽과 새롭게 털옷을 마련하는 가을인 서쪽이 개에게 가장 좋은 계절이다. 방향은 서쪽, 동쪽, 북쪽이 좋다.

돼지띠에게는 동쪽과 남쪽 방향에서 서쪽과 북쪽에 출입문을 낸 곳이 가장 좋다.

〈표2〉 띠별 재운을 상승시키는 방위

띠별	위치	방향
쥐띠	동쪽, 서쪽, 북쪽	서쪽, 동쪽, 남쪽
소띠	북쪽, 서쪽, 남쪽	남쪽, 동쪽, 북쪽
범띠	동쪽, 남쪽, 서쪽	서쪽, 동쪽, 북쪽
토끼띠	동쪽, 남쪽, 북쪽	서쪽, 북쪽, 남쪽
뱀띠	남쪽, 북쪽	북쪽, 남쪽
용띠	동쪽, 서쪽, 북쪽	서쪽, 동쪽, 남쪽
말띠	동쪽, 남쪽, 서쪽	서쪽, 동쪽, 북쪽
원숭이띠	동쪽, 서쪽, 북쪽	서쪽, 동쪽, 남쪽
양띠	동쪽, 남쪽, 북쪽	서쪽, 북쪽, 남쪽
닭띠	서쪽, 북쪽, 남쪽	동쪽, 남쪽, 북쪽
개띠	동쪽, 서쪽, 남쪽	서쪽, 동쪽, 북쪽
돼지띠	동쪽, 남쪽, 북쪽	서쪽, 북쪽, 남쪽

방위별 행운 작용[3]

중앙

운세 전반을 지배한다. 인간적인 매력이나 개성, 특유의 창조성, 사고력, 확고한 지도력을 상징하므로 그 분야의 행운을 얻으려면 중앙 부위에 신경을 써야 한다.

북쪽

가장 강한 음陰의 기운과 계절적인 요인이 건강, 자녀, 신뢰, 연구, 섹스, 병, 비밀, 이성, 남녀 간의 비밀스러운 사랑에 관한 운세를 지배한다.

북동쪽

토土의 기운이 지배하는 북동쪽은 원만한 대인 관계, 친구, 부동산, 금전, 변혁과 쇄신, 상속, 이직에 관한 운세를 지배한다.

동쪽

목木의 기운은 상승하는 힘이 강해서 성공, 발전, 정보 습득, 유행 적응력, 원기와 활력, 젊음, 소리, 음악, 언어에 관한 운세를 지배한다.

남동쪽

목木의 기운이 무르익어 결혼, 여행, 신용, 대인 관계, 사회성, 인

---

3. 유화정, 앞의 책, p.126.

연, 영업력, 무역에 관한 운세를 지배한다.

남쪽

강한 양의 기운이 절정에 이르면서 명예, 지성, 선견지명, 발명, 학문적 완성도, 미모, 문학성에 관한 운세를 지배한다.

남서쪽

양에서 음으로 전환되면서 안정성을 추구하여 가정, 모성애, 저축, 안정, 노력, 인내, 양육에 관한 운세를 지배한다.

서쪽

결실과 수확을 상징하기 때문에 금전, 연애, 사교, 모임, 오락, 상업적 수완, 쾌락, 결혼에 관한 운세를 지배한다.

북서쪽

리더leader와 보스boss적 성향이 강하기 때문에 출세, 지위, 사회, 권위와 명예, 직장 상사, 승부, 사업, 총애, 스폰서에 관한 운세를 지배한다.

활기찬 생활을 하고 싶고, 젊게 살고 싶거나, 승진과 출세를 앞당기고 돈이나 명예를 얻고 싶다면, 특히 동쪽에 신경 써야 한다. 동쪽이 발전운과 성공운을 가져다주기 때문이다. 늦게까지 결혼하지 못한 노총각 노처녀들은 결혼운을 지배하는 남동쪽에 신경 써야 한다.

자신의 방을 남동쪽에 배치하거나, 남동쪽 방향의 공간을 항상 깨끗하고 맑은 기운이 유입되게 하여 길상吉祥이 되도록 미리 준비해야 한다.

생년별 오행과 색상

사람마다 자기에게 맞는 오행과 색상이 따로 있다. 조금만 신경 써서 자신의 오행에 맞는 색상을 선택한다면 생활에 도움이 될 것이다. 〈표3〉은 출생년도에 따른 별(본명성)을 나타낸 것이다. 각각의 별들은 특색이 있고 인간에게 미치는 영향도 다르다. 〈표3〉을 참고로 자신의 오행과 색상을 알아보자.

만약 1961년에 태어난 사람이라면 자신의 구성은 삼벽三碧이고, 오행은 목木이며, 색상은 청색 혹은 녹색이다. 만약 이 사람이 음식점을 경영하는 사람이라면 가게의 외벽을 연한 청색 톤으로 하거나 내부 탁자에 녹색 천을 깔아 안정되고 밝은 느낌이 들게 하는 것이 좋다. 또 나무가 심어진 화분은 본명성本命星의 오행에 따른 행운을 불러온다.

1968년에 태어난 사람이라면 실내에 온화한 황색 톤의 그림을 걸거나 바닥재를 황색 톤으로 깔면 좋다. 또 나무 소재의 책상을 선택하여 황색이 느껴지도록 하면 사업도 잘 풀리고 매사가 순조로워진다. 평소 즐겨 입는 옷이나 소지품 중에도 밝은 황색을 선택하면 본명성의 방위 에너지를 적극적으로 받게 되어 출세나 사업에 큰 도움이 된다.

〈표3〉 생년별 본명성 표[4]

구성	태어난 해	오행	색상
사록四綠	1951 1960 1969 1978 1987 1996	목木	청색
삼벽三碧	1952 1961 1970 1979 1988 1997	목木	청색
이흑二黑	1953 1962 1971 1980 1989 1998	토土	황색
일백一白	1945 1954 1963 1972 1981 1990	수水	검은색
구자九紫	1946 1955 1964 1973 1982 1991	화火	붉은색
팔백八白	1947 1956 1965 1974 1983 1992	토土	황색
칠적七赤	1948 1957 1966 1975 1984 1993	금金	흰색
육백六白	1949 1958 1967 1976 1985 1994	금金	흰색
오황五黃	1950 1959 1968 1977 1986 1995	토土	황색

4. 유화정,《신 풍수인테리어》, 예가, 2008, pp.133~134.

제3장

재물운이 따르는 건물

건물의 외관과 어울리는 업종을 선택하면 더욱더 번창할 수 있다. 건물의 외관은 그곳에 입주한 회사나 장사하는 사람에게도 영향을 미친다. 그러므로 건물을 정할 때는 건물의 외관과 색깔도 충분히 고려해야 한다. 건물도 모양에 따라 길한 형태와 흉한 형태가 있다.

돈 잘 버는 건물은 모양만 봐도 알 수 있다

건물 외관에 따른 오행 분류

풍수에서는 흔히 산의 모양을 목木·화火·토土·금金·수水로 분류하여 발복發福에 대해 논하는데, 건물의 외관도 오행五行으로 분류할 수 있다.

사진 3-1 목형체

사진 3-2 화형체

사진 3-3 토형체

사진 3-4 금형체

사진 3-5 수형체

건물의 외관과 어울리는 업종을 선택하면 더욱더 번창할 수 있다.

사진 3-6 건축물 외관의 오행 중 목형체

사진 3-7 화형체

사진 3-8 토형체

사진 3-9 금형체

사진 3-10 수형체

목형 건물은 확장하는 성향이 강하다

목형木形 건물은 수직선이 강조된 건축물로 대표적인 건물에는 현대건설 사옥과 대우빌딩이 있다.

사진3-11 현대건설 사옥

사진3-12 전 대우빌딩

현대건설의 고 정주영 회장은 불도저로 잘 알려진 인물이다. 강한 추진력을 바탕으로 우리나라 굴지의 기업을 이루어 놓았다. 대우그룹의 창업주 김우중 전 회장도 "세상은 넓고 할 일은 많다"고 하면서 매우 의욕적으로 사업을 확장했다. 이와 같이 목형 건물을 선호하는 기업주는 강한 추진력을 바탕으로 사업을 확장하려는 성향이 강하다.

목형 건물에는 냉면 같은 기다란 면을 취급하는 음식점이 잘된다. 또 목木은 공부와 관련이 깊기 때문에 학원 등의 업종도 잘 어울린다. 서점, 꽃 가게, 옷 가게, 가구점, 문구점, 출판사, 종교 용품점 등도 잘되는 업종이다.

화형 건물은 강한 전파력을 갖는다

화형火形 건물은 지붕과 건물이 하늘을 향해서 뾰족한 형태를 하고 있는데, 명동성당을 비롯한 성당과 교회 건물이 대표적이다.

사진3-13 명동성당

사진3-14 충현교회

불은 위로 타오르기도 하지만 옆으로 확산되는 성질도 강하다. 그래서 서양에서 들어온 가톨릭이나 기독교 같은 종교가 강한 전파력을 지니는 것이다. 성당이나 교회의 건물 형태는 전형적인 화형 건물이다. 화형 건물에는 중국 음식점 같이 불을 많이 다루는 업종이 잘 맞는다. 또 예식장, 숙박업소, 안경점, 화장품 가게, 미용실, 병원, 주점, 주유소, 조명 가게, 약국, 인쇄소 등도 잘 어울린다.

토형 건물의 기업들은 내실 위주로 경영한다

사진 3-15 조선일보 사옥

토형土形 건물은 수평선이 강조된 형태로 대표적인 건물로는 보수 언론의 삼총사로 불리는 조선일보, 중앙일보, 동아일보의 사옥을 들 수 있다.

흙은 언제나 변함없이 그 자리를 지키고 있어 매우 안정적이다. 따라서 이런 형태의 사옥을 선호하는 경영주는 변화나 개혁보다는 현실에 안주하는 보수적인 성향을 지닌다. 또

사진3-16 중앙일보 사옥

사진3-17 동아일보 사옥

철저한 내실 위주의 경영을 하기 때문에 재무구조 또한 매우 건실하다. 토형 건물에는 갈비나 삼겹살 같은 육류를 다루는 음식점이 잘 맞고, 부동산 관련 업종도 잘 어울린다. 정육점, 과일 가게, 사진관 등도 잘된다.

금형 건물은 관공서와 재벌그룹이 선호한다

금형金形 건물은 사각형 모양의 창문이 반복되는 형태다. 관공서와 재벌그룹이 선호하는 외관이다.

수직선인 성장과 수평선인 관리가 조화를 이루는 형태로 가장 안정감 있는 형상의 건축물이다. 이러한 금형 건물은 금의 성질이 강하기 때문에 이를 희석시키는 차원에서 물과 관련된 횟집이 잘 어울린

사진3-18 과천 정부청사

사진3-19 삼성그룹 본관

다. 또 금은 황금을 상징하며 돈의 또다른 상징물이라는 면에서 금융 기관과도 밀접하다. 그 외에 공구상, 전자제품 대리점, 악기 판매점 등 금속과 관련된 업종도 잘 어울린다.

수형 건물이 가장 아름답지 못하다

수형水形 건물은 굴곡과 변화가 많은 형태다. 대표적인 건물로 중앙우체국 건물과 삼성증권 사옥이 있다. 수형 건물은 요철이 심하고 양분되며 허공이 생기는 등의 문제로 가장 좋지 않은 건물로 꼽는다. 특히 중앙우체국 건물은 기운이 가운데로 응집되지 않고 양쪽으로 갈라진다. 즉, 기운이 밖으로 나가버리는 것이다. 건물의 기운이 응집되지 않고 갈라지면 건물에 입주한 사람에게 좋지 못하다.[1] 삼성증권 건물도 중간에 구멍이 뚫려 있어 허하고 썰렁한 기운이 감돈다.

사진3-20 중앙우체국

사진3-21 삼성증권 사옥

1. 조인철, 《부동산 생활풍수》, 평단문화사, 2007, p.133.

인체에 비유한다면 가슴이 뻥 뚫린 형상이다.[2]

하원갑자下元甲子(60년 단위로 상원갑자[1864~1923], 중원갑자[1924~1983], 하원갑자[1984~2043]로 나누는데, 상원갑자에 남성 위주의 사회이다가 중원갑자에는 남녀가 균형을 이루고 하원갑자에는 여성이 상위의 위치를 차지한다는 원리다. 이러한 원리는 다양하게 응용되어 활용되고 있다)에 해당하는 현재는 음이 지배하는 시대다. 흔히 여성 상위 시대라는 말을 사용하는데, 이것은 음의 시대와 일맥상통한다. 목木과 화火는 양이고 금金과 수水는 음이다. 양은 위로 상승하는 기운이 강하고 남성적이기 때문에 건물의 외관도 수직선이 강조되는 강한 인상의 건물로 세워진다. 그리고 중공업과 건설업 같은 남성적인 업종이 주류를 형성한다.

반면 음은 여성적인 경향을 지니기 때문에 강한 느낌의 건물보다는 화려한 디자인을 강조한 수형 건물이 많이 등장한다. 당연히 업종도 소프트웨어나 여성적인 성향의 것들이 주류를 형성한다. 즉 여성을 마케팅 공략 대상으로 하는 업종이 주종을 이루게 된다. 이러한 수형 건물에는 설렁탕 같은 국물이 많은 음식점과 커피 전문점이 잘 어울린다. 주류업, 오락실, PC방, 노래방, 병원 등도 잘 맞는다.

건물 외관의 중요성

건물의 외관은 그곳에 입주한 회사나 장사하는 사람에게도 영향을 미친다. 그러므로 건물을 정할 때는 건물의 외관과 색깔도 충분히 고

2. 조인철, 앞의 책, pp.113~114.

사진3-22 길한 형태의 건물

사진3-23 흉한 형태의 건물

려해야 한다. 건물도 모양에 따라 길한 형태와 흉한 형태가 있다. 네모반듯하거나 원형의 건물은 길한 형태이나 사선제한 등으로 위로 가면서 줄어드는 형태나 요철이 많은 형태는 흉한 형태다. 흔히 금성체金星體와 토성체土星體를 돈과 관련이 많은 형태로 본다.

사업이 번창하는 금성체 건물

금성체 건물은 둥근 형태의 건물이다. 건물의 몸체와 지붕이 둥글게 설계되었다. 다른 형태로는 사각형의 몸체에 지붕만 둥근 경우가 있다. 그러나 건물 모서리가 너무 심하게 각이 지면 효과가 반감될 수 있다. 금성체 건물은 돈과 인연이 깊어 상당한 재물을 가져다준다.

사진 3-24 둥근 형태의 금성체 건물

안정적인 운영이 보장되는 토성체 건물

토성체 건물은 흔히 보는 사각형 건물에 지붕이 일자로 반듯하게 내려앉은 형태다. 이 형태의 건물도 코너가 너무 심하게 각이 지면 효과가 반감될 수 있다. 따라서 둥글게 마감하는 것이 좋다.

사각형의 건물이라고 모두 토성체에 해당하는 것은 아니다. 옆으로 넓고 위로 너무 높지 않아야 토성체 건물이라 볼 수 있다. 높이와 너비의 비율이 1대 2 또는 1대 3 정도의 범위를 벗어나지 않아야 한다. 토성체 건물도 돈과 인연이 매우 깊다. 반면 각이 많이 졌거나 위로 갈수록 좁아지는 건물은 바람직하지 못하다. 요철이 많은 건물도 좋은 형태가 아니다.

사진3-25 토성체 건물

사진3-26 위로 가면서 줄어드는 건물은 사업운이 좋지 않다.

사진3-27 요철이 많은 건물은 갈수록 사업이 어려워진다.

장사가 잘되는 건물의 형태

사각형 건물은 재물운이 좋다

건물은 네모반듯한 형태가 최상이다. 위와 아래가 똑같은 크기로 모양이 안정적인 만큼 기도 안정적이고 충만하여 사업이 꾸준히 발전할 수 있는 형태다. 반면 위가 좁아지는 형태라든가 중간을 비우는 형태, 삼각형의 날카로운 형태 등은 좋지 않다. 기하학적인 형태의 건물도 좋은 형상이 아니다. 날카로운 모서리들 때문에 기가 충돌하기 때문이다.

기는 건물의 형태에 따라 자유자재로 변한다. 건물이 반듯하고 아름다운 형태면 기도 아름다운 형태가 되지만, 날카롭고 흉한 건물이면 기도 그와 같이 변하게 된다. 따라서 반듯한 건물이라야 기도 안

사진 3-28 네모반듯한 건물은 기가 충만하다.

사진 3-29 위로 올라가면서 작아지는 형상의 건물은 기가 불안정하다.

정되고 건물의 내부에도 좋은 영향을 미치므로, 네모반듯한 탐랑성 형태(탐랑성은 수직선이 강조된 형태로 오행으로는 목에 해당한다. 확장 일변도의 성향이 강하기 때문에 사업 초기의 사옥으로 적당하다)와 무곡성 형태(무곡성은 외관이 체크 문양인 건물을 말하며 오행으로는 금에 해당해 성장과 관리가 조화를 이룬 형상이다. 따라서 사업이 일정 궤도에 진입한 사업체의 건물에 아주 잘 어울린다)의 건물이 이상적이다. 이러한 건물에는 재물운도 따른다.

사진 3-30 탐람성 형태의 중앙로 정부청사

사진 3-31 무곡성 형태의 한국전력 본사

중앙로 정부청사는 1970년대 개발과 성장을 목표로 경제개발을 선도적으로 끌고 가야 했던 당시의 모습을 대변하고 있다. 반면 한국전력은 대한민국 최고의 공기업으로서 기업을 안정적으로 발전시켜 나가고자 하는 마음이 외관에 고스란히 드러나 있다.

마주보는 형태의 건물은 재물운이 배가된다

사진3-32 마주보는 형태인 대전 정부청사의 건물

사람도 서로 다정하게 마주하고 함께할 때 모든 일이 더 잘되듯 건물도 마주하는 형상이 더욱 길하다. 서로 마주보는 형태의 건물은 재물운도 배가된다.

원형의 건물은 재물운이 아주 좋다

사진3-33 원형 건물은 재물운이 가장 좋다.

원형 건물은 동전 모양으로 돈이 많이 모이는 형상이다. 우리나라에서 성도가 많기로 유명한 여의도순복음교회도 원형 건물이다. 상가뿐 아니라 종교 건물이나 사무실, 가정집도 원형 건물일 경우 재물운이 배가된다.

건물 외관과 색깔의 조화는 재물운을 상승시킨다

건물 외관의 오행과 색깔의 오행이 조화를 이룬 경우에는 재물운이 상승한다. 더욱 길한 경우는 건물 외관의 오행을 색깔 오행이 받쳐주는 경우로 이렇게 되면 재물운이 훨씬 더 상승한다.

사진 3-34 토형체의 건물과 붉은색은 상생의 조화를 이룬다. 이 경우 장사가 더 잘된다.

장사가 잘되는 건물의 평면 형태

건물 평면의 형태도 참 다양하다. 그중에도 장사가 잘되는 평면과 그렇지 못한 평면이 있다. 장사가 잘되는 평면의 형태는 원형의 평면, 세로로 긴 직사각형의 평면, 전면은 좁으나 안이 넓은 평면, 적당히 돌출된 평면, 정사각형의 평면 등이 있다.

원형의 평면은 돈이 풍족한 형상이다

원형의 평면은 기가 가운데로 모여 편안하고 원만한 형상을 하고 있기 때문에 장사가 잘된다. 무곡 금성체에 해당되어 돈이 풍족한 형상이다.

사진3-35 원형의 건물은 원만한 형상으로 푸근한 느낌을 준다. 또 돈의 형상으로 돈을 부르는 아주 좋은 형태의 건축물이다.

사진3-36 원형과 사각형이 조화를 이룬 건축물

세로로 긴 직사각형 형상은 갈수록 장사가 잘된다

도로면에 접한 부분을 가로라 하고 안쪽으로 길게 들어간 부분을 세로라 할 때, 세로로 긴 형태의 건물이 갈수록 장사가 잘된다. 이때 가로와 세로가 1대 1.618로 황금비율이면 금상첨화다. 장사가 잘되는 내실 있는 형상으로 적극 추천한다.

장사 잘되는 집들이 대부분 이런 평면으로 건축되어 있다. 흔히 도로 쪽으로 긴 형태를 선호하나, 실제로는 뒤쪽으로 긴 형태가 실속 있다. 이러한 형태는 거문 토성체에 해당되어 갈수록 장사가 잘된다. 신한은행 본점이 이에 속한다.

사진 3-37 신한은행 본점

전면이 좁고 안이 넓은 평면은 매우 실속 있다

전면은 좁으나 안에 들어가면 넓어지는 평면은 돈이 매우 풍부한 형태다. 전착후광의 전형적인 형태로 이 또한 적극 권장할 만하다. 이런 곳치고 장사 안 되는 집이 없다. 아주 실속 있는 형태다.

사진 3-38 명동칼국수 본점의 입구. 전면은 좁으나 내부는 굉장히 넓다. 항상 손님들로 넘쳐난다.

원형으로 적당히 돌출된 평면은 상당한 부를 축적한다

사각형의 평면에 어느 한쪽이 원형으로 돌출된 모양의 건물은 상당한 부를 축적한다. 외관이 사람에게 거부감 없이 편안하게 느껴지기 때문이다.

사진3-39 건물의 일부가 둥글게 나온 평면은 상당한 부를 축적한다.

정사각형의 평면은 안정적이다

네모반듯한 형상으로 매우 안정적이고 무난한 형태다. 그러나 뻗어가는 힘이 약해 지속적인 발전을 꾀하기는 어렵다. 현실에 안주하는 형상이다. 이러한 건물에 입주한 경영주는 매우 안정적으로 운영하는 유형이라 사업을 확장하고 키우기를 원하는 사람에게는 적합하지 않다.

사진3-40 전면과 측면의 길이가 같아 안정적이다. 건물의 형상이 아름다워 돈이 풍족한 형상이다.

피해야 할 건물 형태

1층이 필로티인 건물은 재물운이 점점 기운다

이런 건물은 땅의 기운이 위쪽으로 전달되지 않을 뿐 아니라 기가 바람에 흩어져 재물운이 점점 기운다. 땅이 좁아 1층을 주차장으로 이용하거나, 2층을 선호하는 사람들을 위해 1층을 지면에서부터 띄워 건축하는 경우가 있는데 이것은 바람직하지 못하다. 땅의 기운이 전해지지 않아 장사가 안 되기 때문이다.

사진3-41 1층을 주차장으로 이용하는 경우 재물운이 흩어진다.

건물 외관에 요철이 심하면 갈수록 사세가 기운다

날카롭게 각이 진 건축물은 기 역시 날카로워져 좋지 않은 영향을 미친다. 특히 사선제한 때문에 건물이 위로 갈수록 좁아지는 경우는 점점 재물운이 기울어 갈수록 사세가 어려워진다.

사진 3-42 날카롭게 각이 진 건물

사진 3-43 사선제한으로 위로 갈수록 좁아지는 건물은 재물운이 기운다.

가운데가 빈 건물은 흉상이다

이런 모양은 흉상 중에 흉상이다. 이런 경우 사업이 발전하지 못하고 중단되는 일이 생기고, 흉화를 당하거나 부도를 맞는 경우도 많다. 재물운이 텅 빈 공간으로 새어나가 번창을 기대할 수 없으므로 빨리 이사하는 것이 상책이다. 좌우와 상하가 양분되어 가운데가 비어 있는 형태의 건물에 입주할 때는 심사숙고해야 한다.

사진3-44 건물이 양쪽으로 나뉜 중앙우체국

사진3-45 건물 위쪽이 뚫린 삼성증권

부분적인 개조나 증축은 불안정한 구조를 만든다

건물의 일부만 새 건물이고 나머지는 오래된 구조일 경우 사람들은 새 건물로 몰리게 된다. 그렇게 되면 공간의 일부분만 사용하는 결과를 초래해 효율적인 공간 사용에 제약이 따른다.

피해야 할 건물의 평면 형태

장사가 잘되는 평면 형태가 있는가 하면 안 되는 평면 형태도 있다. 요철이 많은 평면이나 가로로 긴 평면, 갈수록 작아지는 평면, 각진 부분이 많은 평면은 사업이 점점 어려워지는 대표적인 사례다.

요철이 많은 평면은 사업이 기운다

들어간 곳이 많다 보면 기가 쇠해지고 생기가 결여되어 장사가 잘 안 된다. 손님과 주인, 손님과 종업원, 주인과 종업원 간에 반목이 많아져 사업이 부진해진다.

사진3-46 요철이 많고 변화가 심한 형상의 건물로 변동이 많다. 모서리가 날카로워 다툼이 많다.

가로로 긴 평면은 지출이 많아 어려움에 빠진다

처음에는 그럴 듯하나 갈수록 사업이 부진하고 장사가 잘 안 된다. 한 마디로 말하면 속빈 강정으로 실속이 없고 겉만 번지르르한 형태다. 또 지출이 많아 곧 어려움에 빠지게 된다.

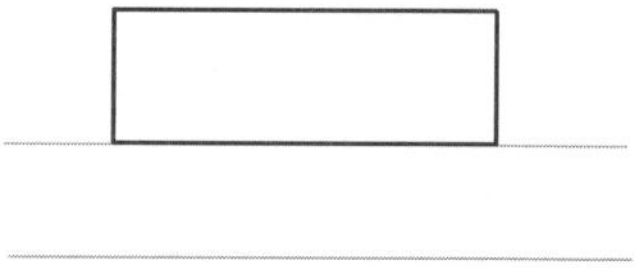

그림3-1

사진 3-47 전면이 길고 측면이 짧은 형태의 건물은 실속이 없고 겉만 번지르르하다.

갈수록 작아지는 평면은 경제적으로 어려워진다

위로 갈수록 작아지는 평면 형태는 사업이 갈수록 위축된다. 매사에 발전이 없고 부진해 경제적인 어려움에 빠지게 된다. 이것은 용적률을 최대한 채워 건축하려는 건물주의 욕심 때문에 나타나는 현상이다. 그러나 건축비가 추가로 들어간 것에 비해 실속은 별로 없다.

사진 3-48 사선제한 탓에 위로 갈수록 좁아지는 평면의 형상이다. 논현동에 있는 상가로 잘 분양되지 않아 극심한 어려움에 처해 있다.

움푹 들어간 평면은 발전을 저해한다

이런 형태의 평면도 발전을 저해하는 건물이므로 좋지 않다. 경제적인 부담이 적어 선택하기 쉬우나 신중히 생각해야 한다. 이런 모양은 디자인 위주로 설계하는 경우에 나타나는데 풍수적인 관점에서는 좋지 못한 형상이다.

삼각형 평면은 갈수록 사업이 기운다

이런 평면 형태는 중앙에서 볼 때 세 면으로 줄어드는 형상이기 때문에 사업이 점점 기울게 된다. 삼각형 평면은 기가 모일 수 없는 형태로 사업이 안정적일 수 없을 뿐 아니라, 삼각형의 세 면이 날카로워 서로 단합하기도 어렵다. 이럴 경우에는 코너 부분을 막아 창고 등으로 사용하고, 내부 공간에 날카로운 코너가 보이지 않게 한다.

사진3-49 건물이 움푹 들어간 경우 경제적인 어려움에 처할 수 있다.

사진3-50 삼각형 평면의 건물은 사업이 날로 기운다.

칼 모양의 평면은 사업이 분산된다

칼 모양의 평면 형태는 칼날과 칼자루가 두 부분으로 양분되어 한 곳으로 뭉치지 못해 사업을 하나로 집중시키지 못한다. 특히 칼날 부분은 항상 날카로운 기가 형성되어 분위기가 살벌해지기 쉽다. 이런 곳에 사장실을 배치할 경우 분위기가 아주 가라앉아 회사 분위기는 엉망이 된다. 이곳을 음식점의 주방으로 정할 경우에도 사고가 끊이지 않는다. 이런 모양의 건물은 될 수 있으면 피하는 것이 좋다.

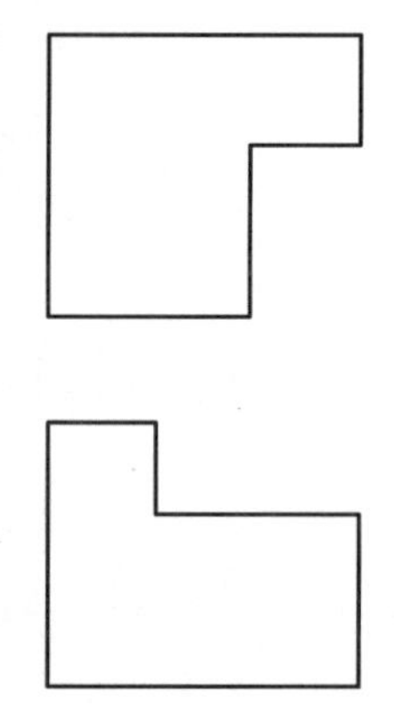

그림 3-2 위에서 봤을 때 칼 모양의 건물 형태

건물의 색깔

건물의 형태와 색깔이 조화를 이루면 번창한다

건물의 색깔도 오행으로 분류할 수 있다. 목형木形 건물에는 파란색이나 녹색이 좋다. 화형火形 건물에는 붉은색의 외관이 어울리고, 토형土形 건물에는 노란색 계열이 잘 맞는다. 금형金形 건물에는 흰색이, 수형水形 건물에는 검은색이 어울린다. 따라서 오행에 맞는 색깔을 선택하여 건물과 어울리는 업종을 선택하는 것도 중요하다.

사진3-51 노란색 계열과 붉은색 계열의 건물

사진3-52 녹색 계열과 파란색 계열의 건물

업종에 맞는 건물 색깔은 시너지 효과를 가져온다

커피 전문점이나 주류 업종에는 검정색이나 흰색 계열의 건물이 잘 맞는다. 검정색이 오행의 수水에 해당하기 때문이다. 횟집과 레스토랑도 이 색깔과 잘 어울린다.

불을 많이 다루는 중국 음식은 빨간색 계열과 어울리고, 학원이나 유기농 채소를 다루는 음식점은 목형木形 건물에 파란색이나 녹색 계열이 어울린다. 햄버거나 치킨 가게 같은 인스턴트식품 관련 업종은 물을 많이 사용하는 곳이 아니기 때문에 토형土形 건물에 노란색 계열이 잘 맞는다.

사진3-53 학원 등에 어울리는 건물

사진 3-54 패스트푸드 업종이 어울리는 건물

장사 잘되는 가게는 외관도 다르다

출입문과 주변 환경

한 지역에 같은 업종의 가게가 여럿 있어도 어느 집은 손님이 붐비는데 어느 집은 파리만 날리고 있는 것을 볼 수 있다. 같은 골목에 마주보고 있는 식당인데도 이렇게 차이가 나는 것은 시설이 더 좋아서도 아니고 음식이 특별히 더 맛있어서도 아니다. 물론 나름의 노하우도 있겠지만, 그보다는 풍수지리가 한몫하고 있는 것이다.

사람은 본능적으로 편안하고 아득한 느낌이 드는 곳을 좋아한다. 같은 위치라도 사람을 끌어당기는 기운이 모여 생기가 집중된 곳은 주저하지 않고 들어가지만 음침한 곳은 들어가기를 꺼린다.

장사가 잘되는 곳을 찾기 위해서는 우선 지기地氣가 뭉친 곳을 찾아야 한다. 그러나 도심의 대형 상가에서 이를 찾기란 사실상 불가능하다. 결국 사람들이 왕래하는 모습을 보고 역으로 유추해보는 수밖에 없다. 사람들이 많이 모이는 곳이 지기가 뭉쳐 있는 곳이라고 보면 된다.

산속의 동물들이 본능적으로 맥이 흐르는 곳을 따라다니는 것처럼, 사람들도 지맥이 흐르는 곳으로 통행하게 되어 있다. 그리고 맥이 멈추어 기가 응결된 곳에 본능적으로 머무르는 것이다. 이것은 자연스러운 자연의 이치다. 따라서 가게 터를 잡을 때는 사람들의 왕래가 많은 쪽과 사람들이 주로 머무르는 곳을 살펴볼 필요가 있다.

그런데 가게 터가 아무리 좋아도 손님을 가게 안으로 끌어들이지 못하면 아무 소용이 없다. 손님을 끌어들이기 위해서는 기를 끌어들이는 상가 배치는 필수다. 손님을 끄는 데는 출입문의 방향이 매우 중요하다. 장사 안 되는 가게가 출입문의 방향만 바꿔도 손님이 늘어나는 경우를 종종 볼 수 있다.[3]

출입문은 접근성이 좋은 곳에 만든다

출입문은 손님을 안으로 끌어들여야 하므로 사람들이 많이 왕래하는 쪽에 내야 한다. 일반적으로 동쪽이나 남동쪽 혹은 남쪽 출입문이 좋다고 하여 그 방향을 고집하는 경우가 있는데, 주변 지형과 환경에 순응하도록 배치해야 한다. 이러한 지형의 특성을 무시하고 남향만 고집하다 보면 억지스러운 형상이 될 뿐 아니라 손님들의 접근성도 떨어지는 결과를 초래하게 된다. 비록 북향이라 할지라도 사람들의 왕래가 많으면 북쪽을 향해야 하고 북쪽에 출입문을 내야 한다.

3. 정경연, 《부자되는 양택풍수》, 평단문화사, 2005, p.298.

사진3-55 갯벌의 진주라는 조개 전문점으로 접근성이 뛰어난 곳에 출입구를 만들었다. 항상 손님들이 줄지어 기다린다.

출입문이 많으면 손님이 나가기 쉽다

상가가 두 개의 도로와 접하게 되면 두 곳에 모두 출입문을 내는 경우가 흔히 있다. 물론 손님들이 많이 들어오게 하기 위해서다. 그러나 생각만큼 손님이 많이 들어오지 않는다. 이러한 구조는 오히려 손님이 나가기 좋은 구조다.

한 공간에 출입문이 두 개 이상이면 자칫 산만해지기 쉬우며, 손님이 물건을 구입할 때 집중하지 못한다. 명당에서 보국保局(좌청룡 우백호 안산으로 빙 둘러싸여져 있는 공간)의 수구水口(물이 빠져나가는 곳을 말하는데, 마을 동구 밖으로 물이 빠져나갈 때는 아주 좁게 빠져나가야 좋다. 즉, 들어오는 물은 많고 나가는 물은 적어야 한다는 것이다)가 하나인 것과 마찬가지로 가게의 출입문도 하나가 좋다. 출입문이 많은 가게는 장사가 잘된다 하더라도 돈이 잘 모이지 않는다. 건축법에서 요구하는 비상구를 만들기 위해 부득이하게 문이 두 개가 될 경우에도 비상구는 비상시에만 사용하도록 조치한다.

출입문은 자동문이어야 한다

앞에서 말했듯이 출입구는 방향보다는 사람의 왕래가 많은 곳에 만들어야 한다. 그리고 자동문으로 설치하는 것이 좋다. 이것은 찾아오는 손님을 위한 서비스라고 할 수 있는데 경영자로서는 결코 손해라고 볼 수 없다. 문을 여닫는 공간을 최소화할 수 있을 뿐 아니라 손님에게 편리함까지 제공하기 때문이다. 사람들은 군중심리 때문에 사람들이 많이 가는 곳으로 몰리게 되어 있다. 군중심리와 광고 효과를 동시에 추구할 수 있는 좋은 방법 중 하나다.

횡단보도 주변은 사람들의 접근이 용이하여 장사가 잘된다

사진 3-56 횡단보도 앞 가게는 사람들의 접근이 용이하여 장사가 잘된다.

일반적으로 사람들은 코너에 있는 가게를 선호한다. 사람들의 눈에 쉽게 띄고 접근이 용이하기 때문이다. 특히 횡단보도가 있다면 사람들의 접근이 더 쉬울 뿐 아니라 왕래도 많아 장사가 잘되는 것은 두말할 것도 없을 것이다.

고압선이나 방송 송신탑 부근은 피한다

강한 전자파가 흘러 인체에 나쁜 영향을 줄 뿐 아니라 재물운도 흡수하여 좋지 않다.

사진 3-57 고압선은 건강을 해칠 뿐 아니라 기를 흡수하여 좋은 영향을 주지 못한다.

구매욕을 당기는 환경 조성

상품은 최대한 고객의 눈에 띄게 배치하고, 고객이 걸음을 멈추고 상점 안으로 들어올 수 있도록 매력적인 외관을 구성한다. 외관은 개성 있게 꾸며 광고 효과를 높이고, 외부와 내부의 조형과 색깔이 조화를 이루게 한다.

출입구는 친숙한 분위기로 연출하고, 상품이 잘 보이도록 배치하며 매력적인 인테리어로 소비자가 안으로 들어가고 싶도록 한다. 이때 외부에서 안쪽의 상품이 잘 보이게 해야 한다. 출입구 부근에는 할인 판매를 위한 가판대를 설치하는 것도 좋다.

입구는 좁고 안이 넓어야 구매욕을 증가시킨다

일반적으로 도로에 접한 면이 길어야 손님의 눈길을 끌어 장사가 잘될 것 같으나 그런 곳은 의외로 장사가 잘 안 된다. 손님이 가게에 들어오면 내부 길이가 짧으므로 쉽게 싫증을 내고 진열된 물건에 집중하지 못한다. 또 밖이 훤히 보이기 때문에 물건 구입에 집중하지 못하고 바깥일에 신경 쓰게 되어 금방 나가고 싶은 충동을 일으키게 된다.

장사를 잘하려면 가게에 들어온 손님이 물건을 구입할 수 있도록 시간과 공간을 충분히 제공해야 한다. 또 외부에 신경 쓰지 않고 물건 구입에 집중할 수 있도록 환경을 조성해 주는 것이 중요하다. 이러한 원리의 종합체가 바로 백화점이다. 충분한 공간과 상품을 확보하고 있고, 외부에 신경 쓰지 않고 쾌적한 환경을 조성하는 방편으로 유리창이 없다. 그것은 손님이 물건 구매에 집중하도록 하는 배려이자 마케팅 전략의 중요한 요소이다.

이것을 풍수적인 원리로 보면, 기의 중심을 얕게 하느냐 깊게 하느

사진 3-58 상계동 로또 명당은 입구는 좁고 내부는 넓다.

냐의 문제다. 기의 중심이 출입문에서 얕으면 사람이 산만해지지만, 깊으면 안정감과 집중력이 생긴다. 그러므로 손님이 물건을 고르고 구입하도록 하려면 전면의 길이는 짧고 깊이가 긴 형태의 가게여야 한다. 이것은 식당이나 커피 전문점 등 다른 업종에도 적용된다.

좋은 전망은 하늘이 준 특권이다

강변을 비롯한 좋은 전망은 하늘이 준 특혜라 할 수 있다. 훤히 탁 트인 전망은 그 자체만으로 많은 손님을 끌어당기는데, 이를 적극 활용하는 인테리어와 공간 구성이 필요하다. 실례로 어느 음식점은 전망은 좋으나 손님이 별로 없었다. 원인을 분석해 보니, 전망 좋은 창가에 주방을 배치하여 손님들이 전망을 전혀 즐길 수 없는 최악의 공간 구성 때문이었다. 하늘이 준 특혜를 발로 차버린 것과 마찬가지다.

사진 3-59 전망 좋은 식당

전면이 온통 창이면 구매욕을 부른다

요즘은 전면을 모두 창으로 꾸며 전망을 좋게 하는 경우가 많다. 특히 젊은이들이 이용하는 커피 전문점 같은 업종에 주로 활용되고 있는데, 이것은 시각적인 효과를 극대화하기 위한 마케팅 방법이다. 시원한 전망은 사람들의 마음을 열게 하고 지갑을 열도록 만드는 연쇄적인 작용을 한다는 점에서 적극적인 공간 구성이라 할 수 있다.

사진 3-60 전면을 온통 유리창으로 꾸며 시원한 전망을 확보했다.

업종에 맞는 간판 선택

입간판은 오히려 장애물이 될 수 있다

간판이나 광고탑은 좋은 이미지를 높일 수 있도록 효과적으로 연출한다. 광고하기 위해 입간판을 도로변에 내놓는 경우를 흔히 볼 수 있는데, 이것은 오히려 장애물이 된다. 출입구에 장애물이 있으면 손님의 출입을 방해하므로 출입구 쪽에는 입간판을 내놓지 않는 것이 좋다. 이런 무분별한 광고는 오히려 영업에 장애가 된다.

사진 3-61 입간판은 오히려 장애물이 되고 계단은 접근성을 저하시킨다.

간판 음양의 부조화

가끔 업종과 맞지 않는 간판을 볼 때가 있다. 예를 들면 냉면집에 화기의 붉은 간판이 있는 경우다. 그런 간판이 눈에 잘 띄기는 하지만, 은연중에 그 집 냉면은 시원할 것 같지 않다는 생각을 하게 만든다. 그래서 식당 간판이 주는 느낌은 매우 중요하다.

간판도 기운을 발산하는데, 그 기운은 간판의 색과 모양에 달려 있다. 간판이 깔끔하고 깨끗하면 위생적일 것 같은 느낌을 받는다. 냉면은 차가운 음기를 지닌 음식이다. 그런데 시원한 음식을 팔면서 화火의 기운을 가진 빨간색 간판을 이용하는 것은 역발상으로 보기에 무리가 있다.

사진3-62 빨간색 간판은 냉면집과 어울리지 않는다.

간판의 색깔

업종의 특징이 잘 나타나도록 선택해야 한다. 전자제품의 경우 오행 중 화火에 속하기 때문에 붉은색이 잘 맞는다. 붉은색이 더 빛나도록 받쳐주는 녹색도 잘 어울리는 색깔이다.

커피 전문점 간판의 경우는 물을 상징하는 검정색과 보색 관계에 있는 노란색을 함께 사용하여 탁월한 조화를 이룬다. 불을 많이 사용

사진3-63 같은 회사 로고로 전자제품에 잘 어울리는 색깔을 선택한 간판이다.

사진3-64 커피 전문점과 중국 음식점 간판인데 색깔 선택이 절묘하다.

하는 중국집은 빨간색 바탕에 흰색을 사용하여 절묘한 조화를 이루고 있다.

사주와 간판 색깔의 조화가 사업을 한층 업그레이드시킨다

창업자의 사주팔자와 색깔은 관련성이 크기 때문에 업종에 맞는 간판 색깔이 사업을 한층 업그레이드시킨다. 사주와 풍수지리는 부족한 부분을 보충하고 강한 부분을 덜어 주어 조화를 이루게 하는 학문이다.

우리나라 사람들은 사주나 풍수와 깊은 관계를 맺으며 살아왔으면서도 이것을 미신이라 치부하는 경향이 강하다. 그러나 오히려 서양에서는 풍수지리와 음양오행陰陽五行의 원리로 보는 사주에 대한 관심이 그 어느 때보다도 높다. 그들은 이것을 실생활에 적용해 인테리어는 물론 가구 배치 등에 잘 활용하고 있다. 서양인들이 쓴 풍수인테리어 서적은 우리나라에도 번역되어 소개되고 있다.

색깔은 부족한 부분을 보완해 준다

사주에 목·화·토·금·수 오행을 모두 가지고 태어난 사람은 흔치 않다. 그래서 그 사람의 사주에 가장 필요한 오행을 찾아내어 그것을 사업장의 간판이나 인테리어의 색깔로 보충하면 대박집이 될 수 있다. 사업을 시작할 때나 업종을 바꿀 경우 충분히 검토해야 할 부분이다.

간판과 인테리어는 사업장의 첫인상이자 얼굴이다. 그런데 충분한 검토 없이 그저 좋아하는 색깔이나 인테리어 업자가 권하는 대로 하는 경우가 많다. 사주와 풍수인테리어를 적극 활용하면 더 큰 효과를 얻을 수 있다.

제4장

손님이 들끓는 가게 만들기

가장 좋은 방향에 가장 핵심적인 공간을 구성한다. 어떤 업종이든 가장 핵심적인 부서나 업무를 담당하는 곳이 있기 마련이다. 음식점의 경우 가장 핵심적인 위치는 주방이고, 부동산 중개소는 경영주의 책상 위치가 가장 중요하다.

인테리어에 따라 매출이 달라진다

장사 잘되는 풍수인테리어

밝은색의 인테리어는 사람들을 끌어모은다

기氣는 주변 환경의 영향을 받으므로 매장의 인테리어는 밝은 느낌을 주는 깔끔한 색상이 좋다. 사람은 밝고 깨끗한 곳에 가면 기분이 맑아지고 즐거워져 그곳을 자주 찾게 된다. 특히 우리나라 사람들은 흰색의 차가운 느낌보다는 노란색 계열의 따뜻한 느낌을 더 좋아한다.

사진4-1 따뜻한 분위기를 연출하여 편안함을 느끼게 한다.

둥근 모양의 소품은 돈의 형상으로 돈을 불러들인다

우선 공간이 편안하고 부담이 없어야 한다. 편안한 공간을 만들려면 인테리어를 할 때 코너 부분을 둥글게 마무리하고, 전구나 그밖에 소품들을 둥근 모양으로 선택하면 좋다. 둥근 모양은 돈의 형상으로 많은 돈을 끌어들이기 때문에 좋다.

사진4-2 둥근 모양의 전등은 돈이 많이 들어오는 형상이다.

목재 가구는 거부감이 없다

가구는 목재를 사용하는 것이 좋다. 목재는 성질이 따뜻하고 자연친화적이라 사람들에게 친근감을 주어 편안함을 느끼게 한다. 목재 가구는 많은 사람들이 좋아하는 인테리어 소품 중 하나다.

사진4-3 목재 가구는 따뜻한 느낌을 준다.

인테리어 소품의 적절한 활용

매장을 꾸밀 때 인테리어 소품을 활용하면 공간의 약점을 보완하고 원하는 분위기를 연출할 수 있으므로 적극 활용하는 것이 좋다.

사진4-4 인테리어와 조명이 절묘한 조화를 이루고 있다.

조명

조명은 태양의 역할을 대신하는데, 음기를 양기로 바꾸는 힘이 강하다. 따라서 현관이나 어두운 계단, 복도에 설치하면 좋다.

사진4-5 조명은 음기를 양기로 바꿔주는 역할을 한다.

종

아름다운 음색을 내는 종은 음기를 제거하고 양기를 불러들이는 힘이 강하므로 양기가 부족한 공간에 달아두면 효과적이다.

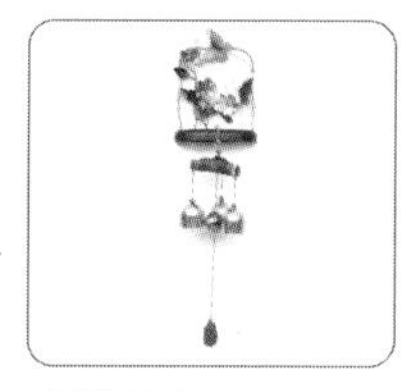
사진 4-6 종

크리스털

빛을 반사히어 양기를 확산시기고 살기를 정화시킨다. 현관같이 기가 출입하는 공간에 놓아두면 좋다.

사진 4-7 크리스털

화분

단풍나무, 고무나무, 색비름, 만년청 같은 관엽식물은 음기를 빨아들이고 양기의 균형을 유지시켜 준다. 따라서 음양의 균형이 맞지 않은 공간에 놓아두면 효과적이다. 상록 식물은 생기발랄한 기운을 생

사진 4-8 인테리어용으로 인도고무나무는 좋으나 가시 돋친 선인장은 좋지 않다.

성하여 사람들을 기분 좋게 만든다. 인테리어용으로는 잎이 크고 두터운 인도고무나무나 브라질 소철이 좋다. 반대로 가시 돋친 선인장은 좋지 않다.

거울

거울은 반사시키는 힘이 강하다. 거울에 꽃이나 예쁜 그림이 반사되어 비치면 생기가 배로 증가한다. 그러나 지저분한 것이 비치면 흉기가 확산된다. 집 밖에 흉한 것이 있을 때 그 방향으로 거울을 달아두면 흉기를 배가되므로 주의해야 한다.

사진 4-9 거울

숯

숯은 음이온을 발생해 음기를 제거하므로 음기가 많은 곳에 놓아두면 효과적이다. 특히 텔레비전이나 컴퓨터같이 전자파가 많이 나오는 물건 근처에 놓아두면 전자파를 제거할 수 있다.

사진 4-10 숯

피해야 할 인테리어

차가운 느낌의 인테리어는 손님을 끌지 못한다

특정한 색 하나로 내부 인테리어를 하는 경우가 있는데, 이것은 인테리어에 대한 이해가 부족한 결과다. 특히 흰색 위주의 인테리어를 많이 하는데, 이것은 너무 단조롭고 차가운 느낌이 들어 편안함을 주지 못한다. 사람은 편안한 곳을 다시 찾게 된다.

사진4-11 흰색 위주의 인테리어

날카로운 인테리어는 분란을 조장한다

인테리어를 할 때 코너를 날카롭고 각지게 마감하는 경우가 참 많다. 기는 형상의 영향을 그대로 받는데, 이 같은 날카로운 마감은 사람에게도 똑같은 영향을 미쳐 분란을 조장하고 다툼이 일게 만든다. 들어오는 복을 칼로 잘라내는 것과 같다.

사진4-12 날카로운 인테리어

스틸 소재의 가구는 차가운 느낌을 극대화시킨다

스틸 소재는 차가운 느낌이 강하다. 사람들은 편안하고 따뜻한 느낌이 드는 공간을 원한다. 사람들이 선호하는 분위기가 어떤 것인지 파악해 그들의 구미에 맞게 연출해야 한다.

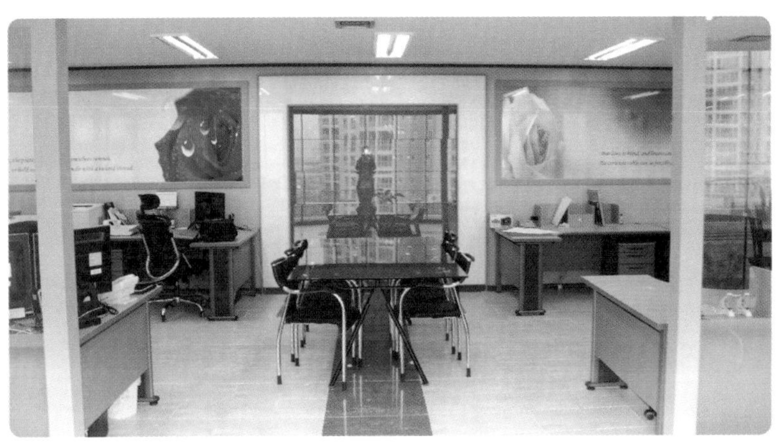

사진4-13 스틸 소재의 가구와 흰색 위주의 인테리어는 아주 차가운 느낌을 준다.

날카로운 출입문 장식은 거부감을 준다

사진4-14 날카로운 출입문 장식

출입문의 장식이 날카로울 경우 손님들이 접근하기 어렵다. 최근에는 출입문도 다양하게 장식하는데, 지나치게 튀는 것보다는 평범하고 무난한 장식이 좋다. 누구에게나 거부감이 없어 사용하기 편하기 때문이다. 반면 날카로운 장식은 사람을 순간적으로 움찔하게 만든다. 거기에 재질까지 스틸이라면 쉽게 다가가기 어려울 것이다.

숍 프런트 꾸미기

숍 프런트Shop Front는 업종과 상품을 쉽게 알아보고 오랫동안 기억에 남을 수 있도록 인상적이고 개성 있게 꾸민다. 그러나 대중성이 있어야 하고 고객의 관심을 유발해 내부로 끌어들일 수 있어야 한다. 미관에 해악적인 간판은 제거하는 것이 좋다.

사진 4-15 숍 프런트

편안한 분위기 조성

평평한 바닥에 자극적이지 않은 색깔의 자재를 깔면 사람들이 들어가 앉고 싶게 만든다. 천장은 밝기를 적당히 조절하고, 높이는 2.7~3미터 정도로 한다. 물건을 파는 매장의 경우 상품을 적절히 배치하여 주력 상품의 구매력과 시각적 효과를 극대화한다.

사진4-16 편안한 분위기의 내부

최상의 방향 선택

부인용품의 경우 색상 변화와 얼룩져 보임을 방지하기 위해 오후에는 햇빛이 들지 않는 곳에 둔다. 식료품은 강한 직사광선을 피해야 하므로 서향을 피해 진열한다. 양품점, 가구점, 서점은 도로의 서쪽에 있는 것이 좋다. 동쪽에서 떠오르는 햇빛 때문에 눈이 부실 수 있고, 장시간 햇빛에 노출되면 물건이 변색될 우려가 있기 때문이다. 여름용품 관련 업종은 도로의 남쪽에, 겨울용품 관련 업종은 도로의 북쪽에 있는 것이 좋다. 또 음식점은 양지바른 곳에 있어야 하는데, 밝은 곳에서 신선함이 더욱 부각되기 때문이다.

사진4-17 내부가 굉장히 밝고 신선한 느낌을 준다.

진열창 꾸미기

인기상품은 서 있는 사람의 눈보다 약간 낮은 곳에 배치한다. 바닥면의 조도는 150럭스 이상으로 한다. 보통 주방의 밝기가 100럭스인데 그보다 50퍼센트 정도 더 밝게 한다. 진열창의 흐림과 반사는 미리 방지한다.

사진4-18 밝은 조도의 진열창

진열장 꾸미기

진열장은 상품의 효과적인 전시는 물론 고객에게 신속히 대응할 수 있도록 꾸민다. 고객과 종업원의 시선이 마주치지 않게 하고, 진열장의 길이는 가능한 한 길게 한다. 그리고 충분한 통로와 원활한 동선을 확보하는 것이 무엇보다 중요하다.

사진4-19 상품이 한눈에 들어오도록 꾸민 진열장

출입문 꾸미기

출입문과 계단이 일직선상에 있으면 재물운이 떨어진다. 출입문과 계단 혹은 승강기 등이 훤히 보이는 것은 기가 안정되지 못하고 새는 구조다. 바로 재물운이 새어 나가기 때문에 이럴 경우 출입문에 파티션을 설치하거나 현관을 따로 만드는 방법을 찾는 것이 좋다. 또 출입문과 발코니가 일직선이어도 재물운이 따르지 않는다. '앞뒤가 관통하면 사람과 재물이 모두 텅 빈다'는 옛말도 있다. 이렇게 직선으로 곧장 통하는 바람은 사람의 몸에도 좋지 않다.

가구 배치가 사업의 성공을 좌우한다

성공적인 가구 배치

가장 좋은 방향에 가장 핵심적인 공간을 구성한다

어떤 업종이든 가장 핵심적인 부서나 업무를 담당하는 곳이 있기 마련이다. 음식점의 경우 가장 핵심적인 위치는 주방이고, 부동산 중개소는 경영주의 책상 위치가 가장 중요하다. 편의점이라면 계산대가 가장 중요한 위치를 차지할 것이다. 이렇게 업종에 따라 핵심적인 공간은 가장 좋은 위치에 배치해야 한다.

가장 핵심적인 자리를 찾을 때는 출입문을 기준으로 한다

사람이든 물건이든 모두 출입문을 통해 출입한다. 그만큼 출입문이 중요하다. 출입문의 위치를 정하는 것도 중요하지만 일단 한 번

정해진 출입문은 옮기기가 쉽지 않으므로 출입문을 기준으로 가장 합리적인 공간을 구성해야 한다. 먼저 공간의 가운데에 서서 출입문의 방향이 어느 방향인지 파악한다. 그리고 길한 방향을 찾아 핵심적인 공간을 구성한다.

음식점을 창업한다면 주방과 카운터를 길한 방향에 배치하고, 부동산 중개소라면 경영주와 직원의 책상을 길한 방향에 배치한다. 다른 업종도 이와 마찬가지로 배치하면 된다.

가구 배치 도면

길한 방향에는 생기방生氣方과 천을방天乙方과 연년방延年方과 보필방輔弼方이 있다. 사업하는 사람에게 특히 길한 방위는 연년방이다. 이 방향은 돈을 관장하는 방위로 매우 좋은 방향이다.

흉한 방향에는 화해방禍害方, 오귀방五鬼方, 육살방六殺方, 절명방絕命方이 있다. 이 중에서 가장 해로운 방위는 절명방이다. 절명방에 카운터나 경영주의 책상을 배치하는 것은 사업을 망하게 하는 지름길이다.

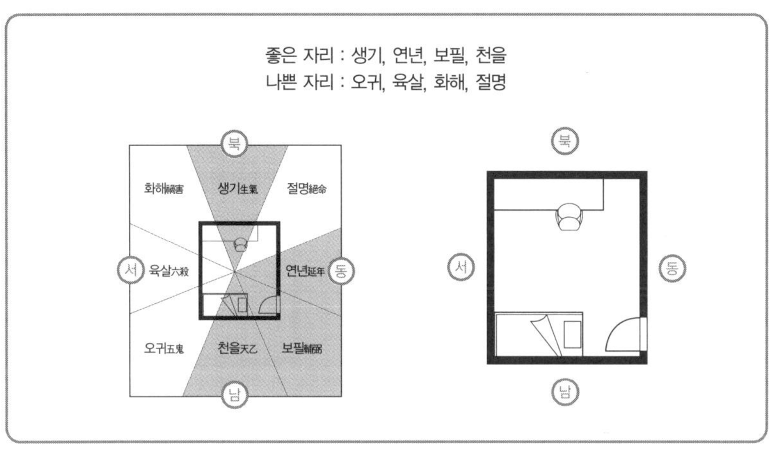

그림 4-1 문이 동남쪽 방향일 경우

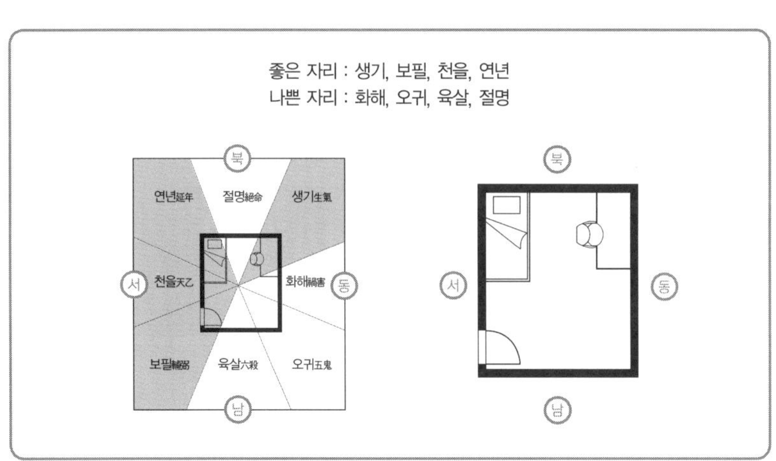

그림 4-2 문이 남서쪽 방향일 경우

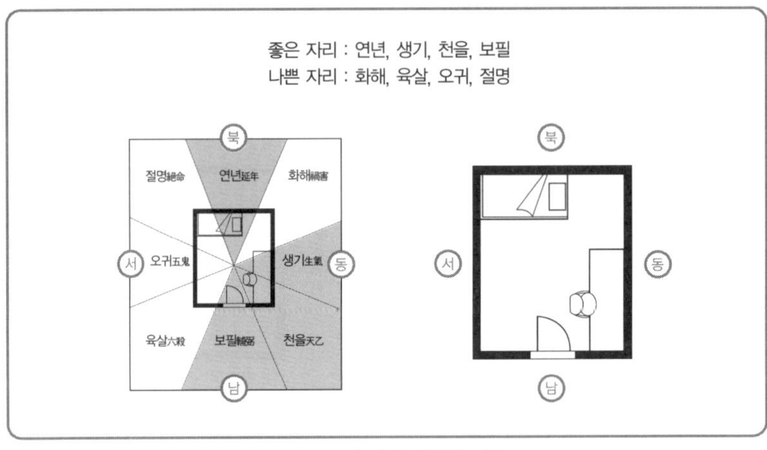

그림 4-3 문이 남쪽 방향일 경우

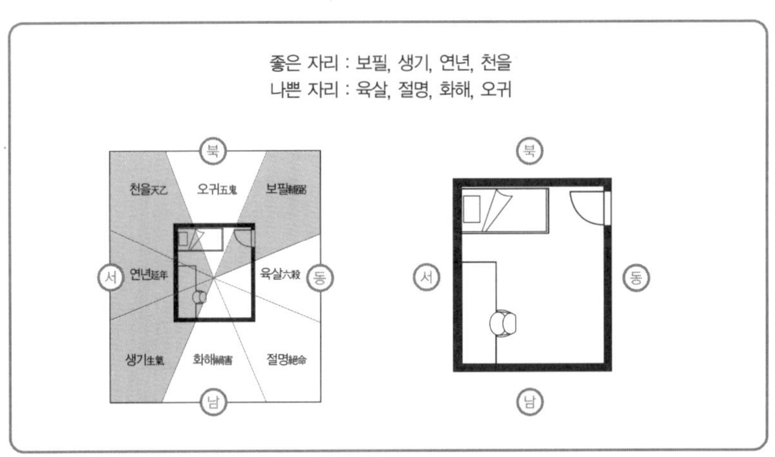

그림 4-4 문이 북동쪽 방향일 경우

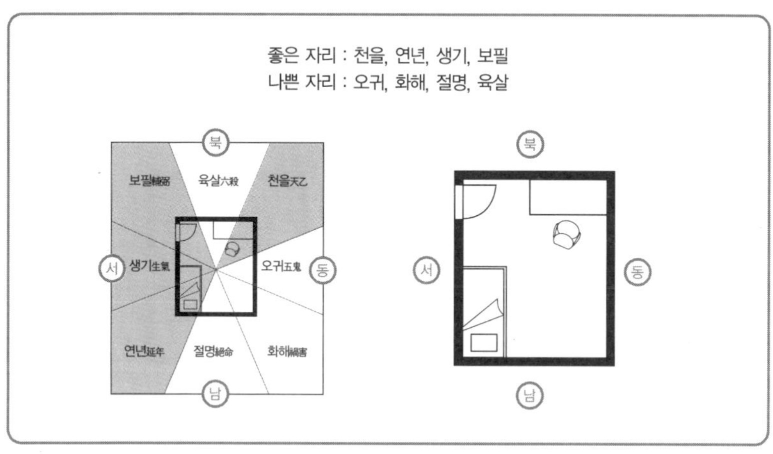

그림 4-5 문이 북서쪽 방향일 경우

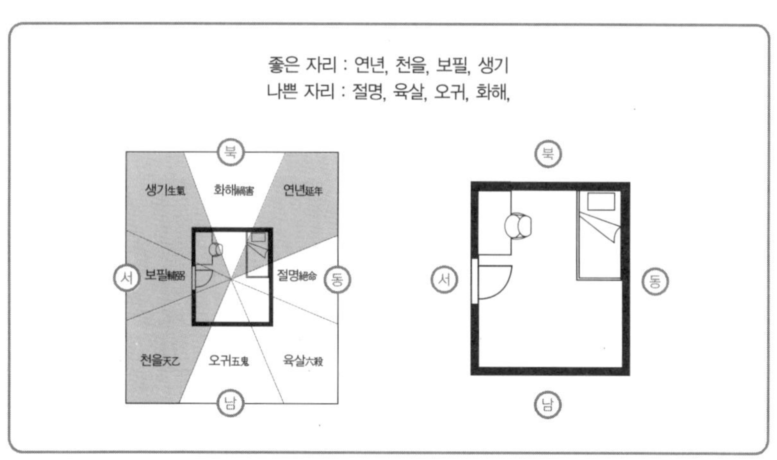

그림 4-6 문이 서쪽 방향일 경우

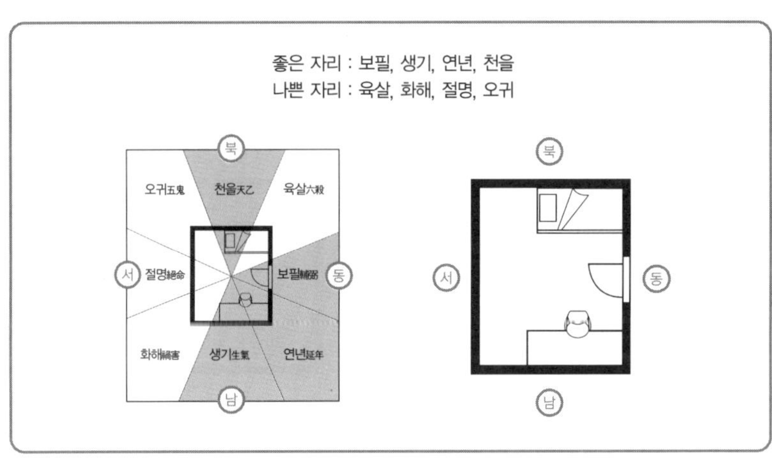

그림 4-7 문이 동쪽 방향일 경우

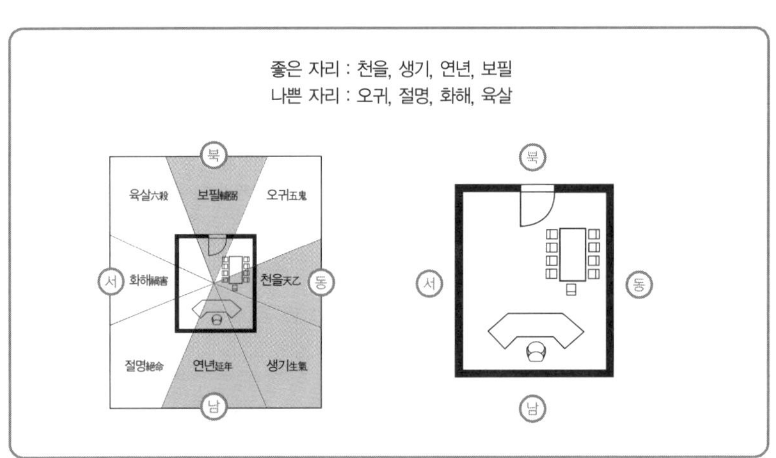

그림 4-8 문이 북쪽 방향일 경우

제5장

장사 잘되는 집 방문기

음식점의 대지는 가로세로 비율이 전형적인 황금비율인 1대 1.618의 형태다. 도로에 접한 면보다 뒤쪽으로 긴 형상이다. 안으로 들어가면 네모반듯한 작은 마당이 각 방과 연결되어 있다. 음식점은 주방과 계산대가 중요하므로 길한 방향에 있어야 한다.

의왕 옛날원조보리밥

경기도 의왕시 내손동에 자리한 이 음식점은 2000년 3월에 개업했다. 건물은 1층짜리 허름한 기와집으로 약 100년 전에 건축되었다. 그린벨트 내에 있으며 주위에 계원디자인예술대학이 있다. 주 메뉴는 보리밥으로 파전과 막걸리를 곁들이면 금상첨화다. 보리밥의 가격은 1인분에 6,000원인데, 발 디딜 틈이 없을 정도로 손님이 붐빈다.

사진 5-1 옛날원조보리밥의 전경

풍수적 특징

이 음식점의 대지는 가로세로 비율이 전형적인 황금비율인 1대 1.618의 형태다. 도로에 접한 면보다 뒤쪽으로 긴 형상이다. 안으로 들어가면 네모반듯한 작은 마당이 각 방과 연결되어 있다.

본채 뒤쪽에 가건물을 짓고 거기다 방을 만들어 손님을 받고 있으며, 그 뒤에는 야외에 탁자를 놓아 밥 먹을 때 마치 소풍 나온 듯한 분위기를 연출한다. 이것은 대지가 안으로 깊은 모양이기 때문에 가능한 것이다. 내부 인테리어도 마치 시골집에 온 것처럼 편안한 분위기를 연출하고 있다. 그야말로 컨트리풍이라 할 수 있다. 모락산을 찾는 등산객들은 이곳에서 출출한 배를 채운다.

앞쪽의 안산은 동그랗게 생긴 것이 다시 보기 어려운 아름다운 형상이다. 주산主山(묏자리나 집터 따위의 운수 기운이 매였다는 산)이나 안산案山(집터나 묏자리의 맞은편에 있는 산이다. 혈 앞에 가장 가까운 산을 말하며, 혈의 성정性情에 짝이 될 만한 응기應器된 안산이 있어야 혈로서 가치를 갖는다. 안산의 모습이 서로 마주 대하여 절하는 듯하고 두 손을 마주잡는 듯하면 길하다)에 이렇게 아름다운 산이 있으면 엄청난 부와 명예를 안겨준다.

풍수에서는 알卵이라 하기도 하고 여의주라 부르기도 한다. 이러한 형상을 풍수에서는 금계포란형金鷄抱卵形(금닭이 알을 품는 형국)이라고

사진 5-2 안산이 무곡 금성체로 돈이 저절로 들어오는 형상이다.

한다. 이 음식점의 우측에서 흘러내린 산 능선들이 마치 새 날개처럼 음식점을 감싸주고 있다. 새의 날개로 푸근하게 감싸주니 얼마나 편안하겠는가. 편안한 분위기에 알의 형상이니 재물이 따라오는 것은 당연지사다.

집의 방향도 중요한데, 현대 풍수에서 가장 일반적으로 사용하는 향법 중 하나인 88향법八十八向法(조정동의 《지리오결》에 나오는 향법을 말한다. 88이라는 숫자는 360도상의 수많은 향 중에 《지리오결》에서 말하는 길한 향의 수를 말한다)의 문고소수文庫消水 향에 해당한다. 이렇게 좌향으로 자리 잡으면 총명한 수재가 출생하고 문장이 특출하여 부귀하는 풍수지리적 특성을 갖는다.

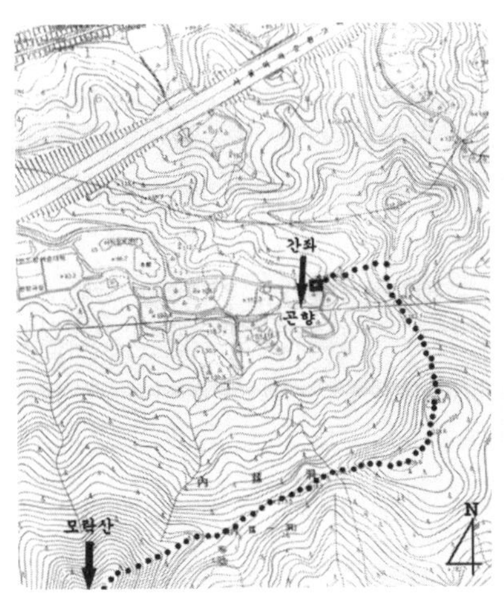

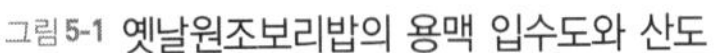
그림 5-1 옛날원조보리밥의 용맥 입수도와 산도

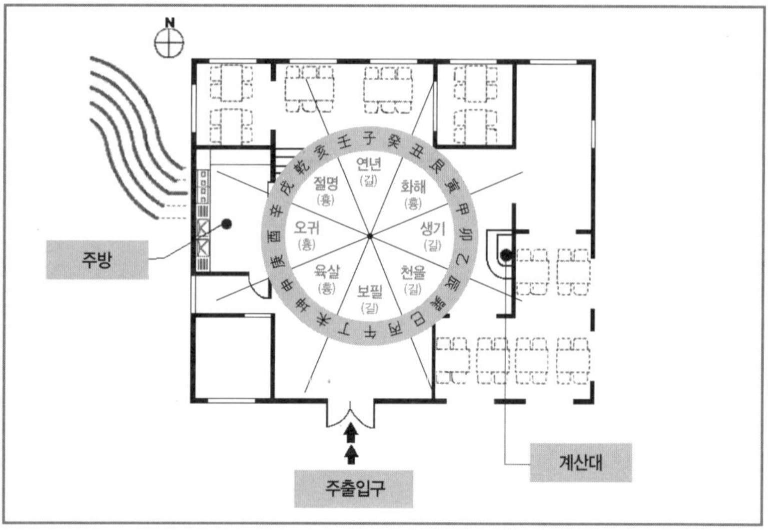

그림 5-2 옛날원조보리밥의 가택구성 분석도

공간 구성

음식점은 주방과 계산대가 중요하므로 길한 방향에 있어야 한다고 이미 앞에서 말했다. 이 음식점의 경우 주출입구는 남쪽에 있고 계산대는 동쪽에 있다. 출입문이 남쪽에 있을 경우에는 동쪽이 생기방生氣方(만사형통의 길한 방향이다)으로 길방吉方에 해당한다. 따라서 계산대는 적절한 위치에 잘 자리 잡았다. 그러나 주방은 흉방凶方인 서쪽 오귀방五鬼方(매사에 부진하고 사람은 다치고 재물은 잃는 방향이다)에 자리 잡았다. 계산대뿐 아니라 주방도 길방에 자리 잡았더라면 더 번창할 수 있을 것이다. 내부 공간 구성에 약간의 아쉬움이 남는다.

주방 옆에 곡선으로 표시된 부분이 입수룡이다. 이 음식점도 입수룡이 정확히 주방으로 입수하고 있다. 야산 자락의 끝부분에 명당이 결지한다는 이론에 정확히 부합하고 있다.

여주 홍원막국수

경기도 여주군 대신면에 자리한 이 음식점은 1993년 9월에 개업했다. 이포나루에서 2대째 막국수집을 운영하다가 이포대교가 건설되고 이포나루가 없어지면서 현재의 1층짜리 슬레이트집을 구입해 막국수집을 운영하기 시작했다. 주 메뉴는 막국수이고 수육을 추가할 수 있다. 주위에 막국수집이 여럿 있으나 이 집이 장사가 가장 잘된다. 정말 발 디딜 틈이 없을 정도로 손님이 많다.

건물 일부분은 증축한 것으로 일자형 주택에 덧대서 증축한 경우라 입구는 작지만 안으로 들어가면 공간이 매우 넓다. 입구는 작고 안은 넓은 형상이다. 게다가 주방이 가장 좋은 위치를 차지하고 있어

사진 5-3 홍원막국수의 전경

음식점으로는 더할 나위 없이 좋다. 옛날 주택을 증축해서 영업을 하다 보니 부담 없는 시골장터의 해장국집 같은 분위기가 느껴져 사람들의 향수를 불러일으킨다. 입구에서 이 음식점에 오는 손님을 상대로 찐빵 장사를 할 정도니 손님이 어느 정도인지 짐작할 수 있을 것이다.

풍수저 특징

산 능선은 지기를 전달하는 전깃줄 같은 구실을 한다. 그래서 산 능선이 끝나는 부분이 가장 정기가 충만한데, 이 음식점이 바로 그곳에 자리 잡고 있다. 이곳은 도로변에 접한 곳이 아니고 도로에서 안으로 상당히 들어간 곳에 있다. 요즘은 주변의 토지를 구입하여 넓은 주차장까지 확보했다.

이 음식점의 터를 풍수적인 관점에서 보면 옥녀단장형玉女端粧形(선녀가 화장하는 형국)의 명당이다. 옥녀는 주산이 무곡武曲 금성체金星體로, 산봉우리가 마치 여자의 머리처럼 둥글게 생기고 머리카락처럼

사진5-4 홍원막국수 좌청룡의 모습

사진5-5 소조산이자 우백호에 해당한다. 무곡성의 아름다운 형상으로 돈을 넘치도록 버는 형상이다.

여러 가닥의 지각枝却이 있는 것을 말한다. 용과 혈이 상격上格이면 고상한 성품의 빼어난 인물을 배출한다. 남녀가 모두 높은 지위에 오르고 왕비를 배출하며 부귀쌍전富貴雙全하게 되는 형세다.

음식점의 좌향은 88향법의 정묘향正墓向에 해당한다. 큰 부귀를 누리며 건강하게 장수하고, 복과 덕이 많은 풍수지리적 특성을 갖는 입지 조건이다.

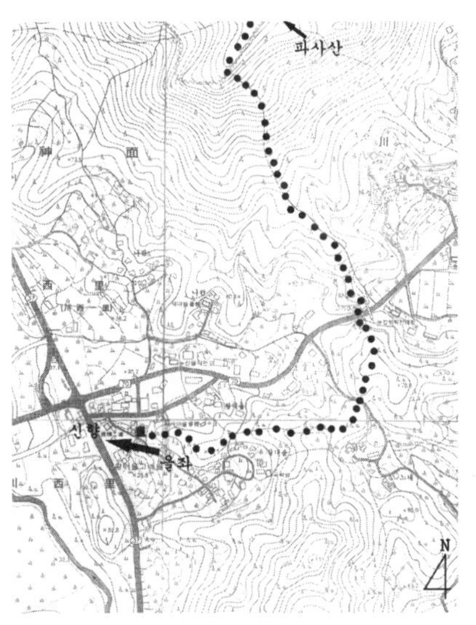

그림 5-3 홍원막국수의 용맥 입수도와 산도

공간 구성

이 음식점의 주출입구와 주방은 북동쪽에 있고 계산대는 북쪽에 있다. 북동쪽에 있는 주방은 보필방輔弼方(무사안일無事安逸하고 별무득실別無得失하는 방향으로 일반적으로 길하다고 표현한다)에 해당하여 길한 방향에 있으나, 아쉽게도 계산대가 북쪽에 있어 오귀방五鬼方에 해당해

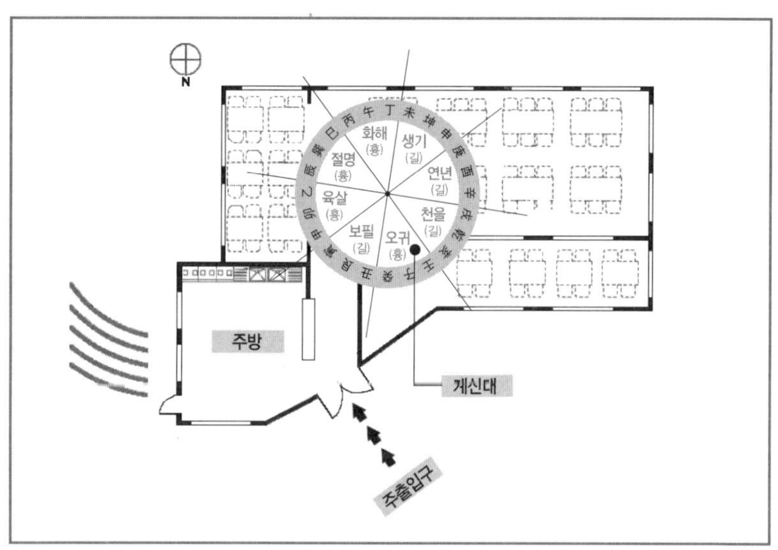

그림 5-4 홍원막국수의 가택구성 분석도

흉한 방향에 있다. 주방의 위치는 입수룡이 입수하는 가장 핵심적인 길지에 있다. 그러니 장사가 잘될 수밖에 없다.

과천 현풍사철탕

경기도 과천시 문원동에 있는 이 음식점은 2000년 3월에 개업했다(영업허가서 기준). 그린벨트 지역인 사기막골에 자리 잡고 있다. 약 40년 전에 현 경영자의 땅에 이웃 주민이 집을 짓고 살다가 이사 가자, 그곳에서 사철탕집을 운영하기 시작했다. 음식점이 생긴 지는 30년쯤 되었다.

주 메뉴인 사철탕 외에 매운탕이 있는데 음식 맛이 아주 일품이다. 주변 환경은 더욱더 좋다. 대지의 형상은 안으로 깊이 들어간 직사각형이며, 황금비율이다. 내부 인테리어도 밝고 편안한 분위기를 연출하고 있다. 뒤뜰의 평상에서 먹는 음식은 주변의 자연풍경과 어우러져 음식 맛을 더한다.

사진5-6 현풍사철탕의 전경. 주산이 둥그렇게 생겨서 돈이 넘치는 형상이다.

풍수적 특징

청계산의 한 맥이 사기막골에 이르러 옥녀의 머리와 같은 아름다운 형태의 금형산을 하나 일으키고, 옥녀의 무릎 안쪽으로 뻗은 용맥이 이 음식점의 주방에 이르러 혈을 하나 맺어 대박집을 탄생시키게 된 것이다. 앞쪽의 안산이 옆으로 길게 누워 혈처를 푸근하게 안아 남서쪽에서 불어오는 세찬 바람을 막아준다.

이와 같은 형상을 풍수에서는 옥녀가 베틀에 앉아 베를 짜는 형국이라 하여 옥녀직금형玉女織金形이라 하는데, 주로 거부巨富가 난다. 88향법의 문고소수文庫消水에 해당하여 문장이 특출하여 부귀를 누릴 풍수지리적 특성을 갖는 입지 조건이다.

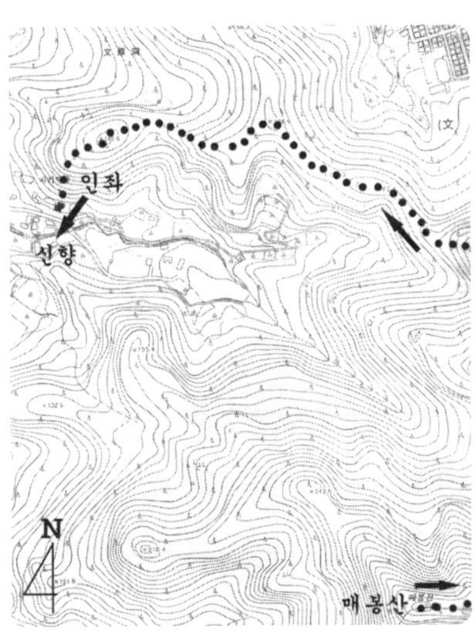

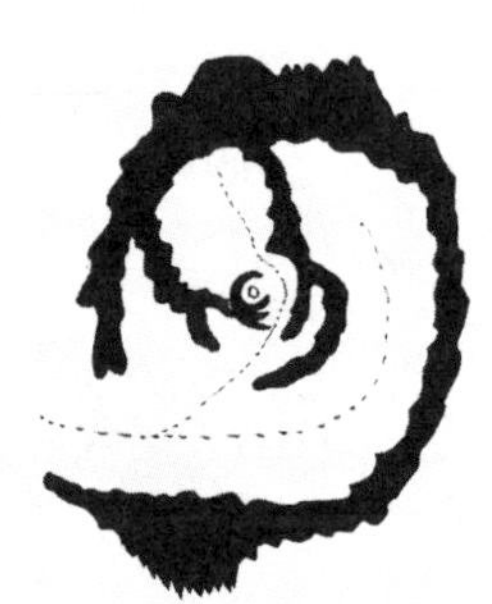

그림 5-5 현풍사철탕의 용맥 입수도와 산도

공간 구성

이 음식점은 터가 워낙 좋아서 공간 구성이 그리 좋지 않아도 장사가 잘된다. 그러나 공간 구성까지 완벽하게 갖추면 금상첨화일 것이다. 이 음식점의 주출입구는 서남쪽에 있다. 그런데 주방과 계산대가 모두 동쪽에 있다. 출입문이 서남쪽에 있을 경우 동쪽은 오귀방五鬼方에 해당하여 흉한 방향이다. 주방과 계산대를 모두 길한 방향으로 옮기는 것도 고려해 볼 만하다. 또 출입문을 남쪽으로 옮기면 주방과 계산대가 좋은 방향에 있게 된다. 현실적으로 출입문을 옮기기 어려운 경우에는 칸막이나 파티션 등을 이용하여 방향을 틀어 주는 것도 좋다.

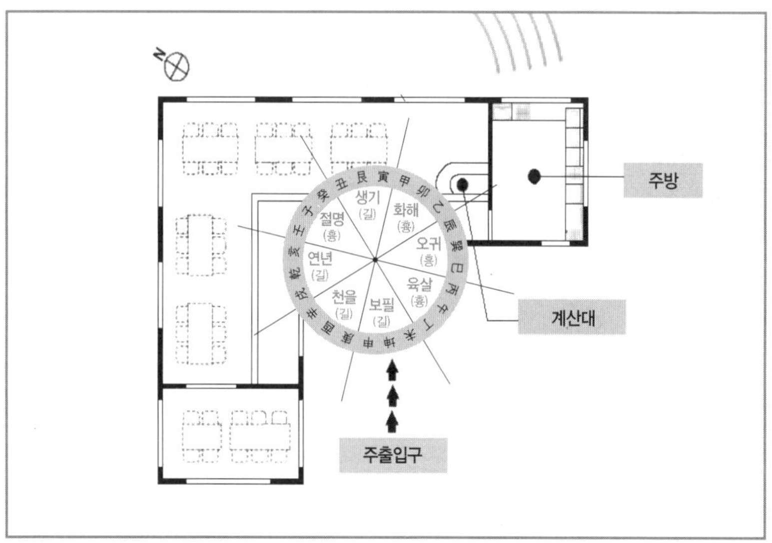

그림 5-6 현풍사철탕의 가택구성 분석도

수원 본수원갈비

경기도 수원시 팔달구 우만동에 있는 이 음식점은 주 메뉴가 갈비와 냉면이다. 이 음식점은 현대식 건물이고 2층으로 운영중이다. 도심지 한복판에 자리 잡고 있으며, 주변에는 아주대학교가 있다. 수원에 있는 많은 갈비집 중에 잘되는 음식점 중 하나로 꼽히는 곳이다.

현재는 같은 대지 안의 뒤쪽에 크게 증축하여 이사하고, 사진 속의 건물은 철거해서 주차장으로 활용하고 있다. 이런 경우에는 명당의 기운을 받을 수 없게 된다. 큰 아쉬움이 남는 곳이다.

사진 5-7 본수원갈비의 전경

풍수적 특징

수원의 주산인 광교산에서 흘러내린 산줄기가 순한 양같이 달려가기를 멈추고 이곳에 웅크려 앉아 혈을 하나 결지했다. 안산은 수원 도심지의 허파 구실을 충실히 수행하면서 이곳 혈장을 사랑스럽게 맞아들여 혈의 생기를 꼭꼭 여미는 형상이다. 풍수적인 관점에서 보면 선인독서형仙人讀書形(선비가 책을 읽는 형국)으로, 고상하고 준수한 인물을 배출하여 부귀는 물론이고 학문이 당대 제일인 형세다. 88향법은 태향태류胎向胎流로서 대부대귀大富大貴한다. 또 자손이 크게 번창하여 인정흥왕人丁興旺할 풍수지리적 특성을 갖는 입지 조건이다.

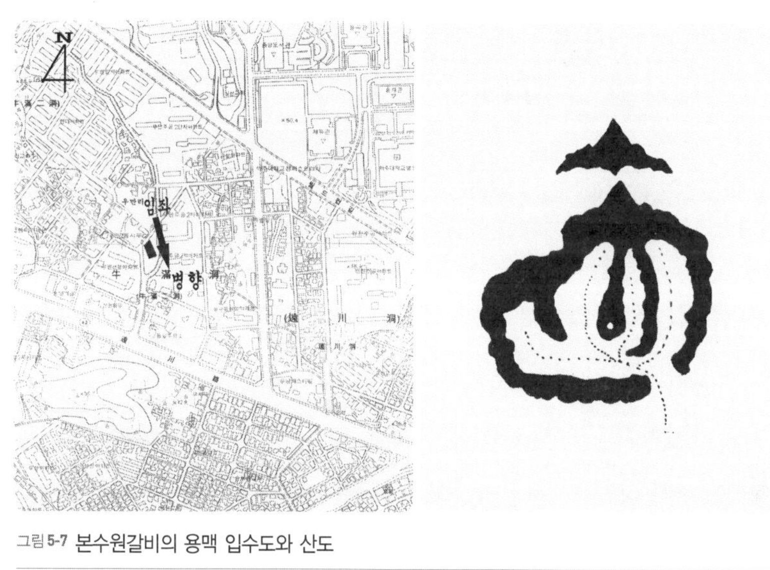

그림 5-7 본수원갈비의 용맥 입수도와 산도

공간 구성

이 음식점의 주출입구는 서남쪽에 있다. 이 경우 주방의 위치는 연년방延年方(매사 형통하고 대부大富하는 방위)으로 길하지만, 계산대의 위치는 절명방絶命方(매사에 부진하고, 인상다재人傷多災의 대흉大凶 방위)으로 흉하다. 계산대를 천을방天乙方(매사 형통의 대길大吉한 방위)에 해당하는 남서쪽으로 옮기면 더 발전할 것이다.

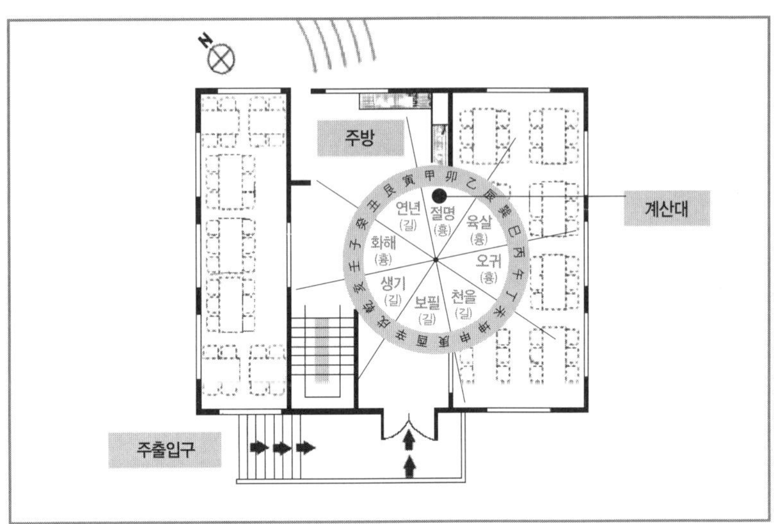

그림 5-8 본수원갈비의 가택구성 분석도

풍수지리적 관점에서 보면 음식점의 터가 얼마나 좋은 명당에 자리 잡고 있는지가 가장 중요하다. 음식점의 흥망이 터에 달려 있다고 해도 과언이 아니기 때문이다. 내부의 공간 구성은 흥망에 영향을 미친다기보다 장사를 좀더 번성하게 해주는 보완적인 성격이 강하다.

인천 성진아구찜

인천시 연수구 옥련동에 있는 이 음식점은 2000년 3월에 개업했다. 주 메뉴는 아구탕과 아구찜이다. 이 음식점은 2층짜리 현대식 건물로, 고 노무현 전 대통령이 방문해 점심식사를 한 곳으로도 유명하다.

이곳은 원래 어느 건축업자의 땅이었으나 고도제한 구역이라 건축업자에게 사업상 이득을 줄 수 없는 곳이었다. 덕분에 쉽게 구입할 수 있었다고 한다. 이곳이 개발되기 전에는 어느 문중의 산소가 있었는데, 이미 명당으로 잘 알려진 곳이었다고 한다.

이곳은 도로가 둥글게 환포하는 안쪽 약간 언덕진 곳에 자리 잡아 송도 앞바다의 경치가 한눈에 내려다보인다. 이에 맞게 전면을 통유리로 둥글게 처리하여 전망을 최대한 즐길 수 있도록 매우 효과적으로 내부를 설계했다. 원형의 공간과 천정을 약간 높게 처리한 것은 기가 중앙에 모일 수 있도록 디자인한 센스 있는 공간 구성이다.

사진 5-8 성진아구찜의 전경

사진 5-9 내부 공간

이것은 복잡하기 쉬운 중앙 홀의 동선 처리를 원만하게 하는 효과도 아울러 가지고 있다. 풍수적인 면에서 뿐 아니라 건축적인 공간 구성에서도 다양한 장점이 있다.

사진 5-10 창가에서 보이는 전망으로 멀리 송도 앞바다가 보인다.

풍수적 특징

무곡성의 청량산이 험한 기운을 털어내기 위해 행룡을 시작하는데, 위이기복逶迤起伏(위이는 용이 좌우로 변하는 형태이고, 기복은 위아래로 변하는 용의 기본적 변화 형태다)하면서 박환剝換(위로부터 행룡하여 오는 용의 생김새가 험하고 억센 모습에서 고운 모양으로 바뀌는 것을 이르는 말로 투박하고 흉한 모습이 길한 것으로 바뀌는 과정을 말한다)하여 드디어 아름다운 여인의 유방과 같은 유혈乳穴을 맺는다.

혈의 결지법은 좌우선법左右旋法이며 우선룡右旋龍으로 결지했고 우백호가 특히 발달했다. 청량산 줄기가 뻗어내린 용진처龍盡處에 성진아구찜이 똬리를 틀고 있다.

사진 5-11 주산이 무곡 금성체로 돈을 부르는 형상이다.

사진 5-12 명당은 바로 용이 행룡을 멈춘 곳이다. 성진아구찜이 자리 잡은 곳이 이 이치에 정확히 부합하는 곳이다.

형국론形局論을 살펴보면 해룡입수형海龍入水形으로, 현무봉에서 길고 활기차게 뻗어 내려온 주룡의 끝이 고개를 숙이고 물속으로 들어가는 형세다. 88향법은 정묘향正墓向으로 큰 부귀를 누리며 건강하게 장수한다. 또 복과 덕이 많은 풍수지리적 특성을 갖는 입지 조건이다.

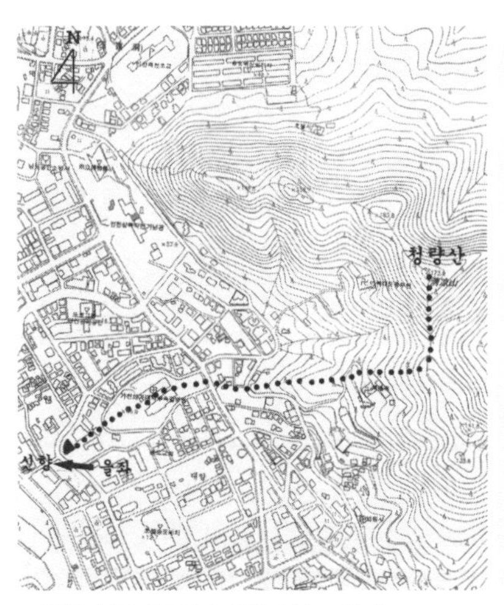

그림 5-9 성진아구찜의 용맥 입수도와 산도

공간 구성

이 음식점의 주출입구는 남쪽에 있다. 출입문이 남쪽에 있을 경우 동쪽에 자리 잡은 주방은 생기방生氣方에 해당하여 길하다. 계산대는 남쪽에 있는데, 이 역시 보필방輔弼方에 해당하여 길한 곳에 잘 자리 잡았다.

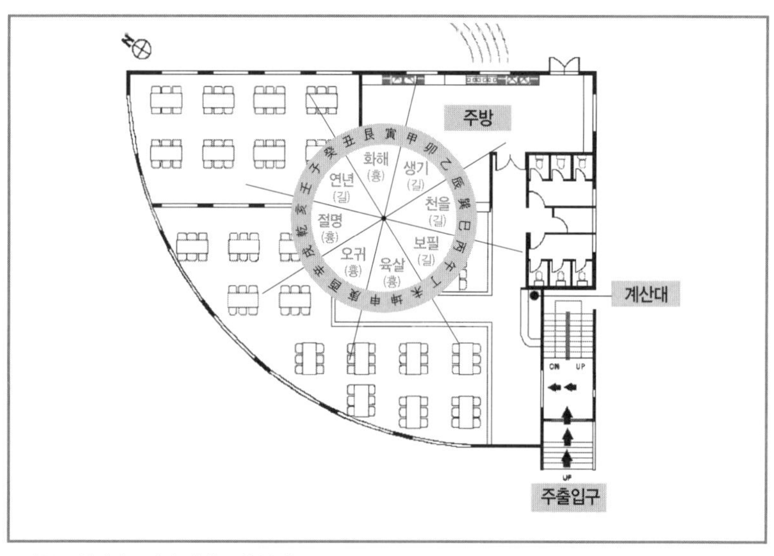

그림 5-10 성진아구찜의 가택구성 분석도

남양주 기와집순두부

경기도 남양주시 조안면에 자리한 이 음식점의 주 메뉴는 순두부다. 정약용 선생 생가와 묘소로 가는 길목에 있는 이 음식점은 잘 지어진 기와집으로 약 50년 된 건물이다. 'ㅁ' 자 형태의 집으로 한적한 시골 마을이라 주위에 음식점이 없다.

이곳은 음식 맛도 좋지만, 친절한 것이 특징이다. 또 우리의 정취와 잘 어울리는 한옥 건물이어서 편안함마저 준다. 이 지역의 유일한 명당으로 남아 있어 사람들의 근심을 해결해 주는 장소로도 사용된다.

이 음식점은 도로변에 인접해 있으며, 대지가 정사각형이다. 건물도 정사각형인데, 마당 한가운데 가건물을 지어 손님을 받고 있다. 예부터 'ㅁ' 자형 평면은 기가 안정되어 부자가 난다고 했는데, 이 음

사진5-13 기와집순두부의 터는 풍수적으로 매우 훌륭한 명당이다. 흘러넘칠 정도로 돈을 버는 형상이다.

식점이 전형적인 'ㅁ'자 형세를 하고 있다. 내부 인테리어도 한옥의 장점을 살려 우리의 정서와 잘 맞는다.

풍수적 특징

힘차게 행룡한 용맥이 아늑한 와혈을 결지하고 남은 기운을 좌측으로 뻗어, 마치 새의 날개와 같이 포근하게 감싸 안은 형상이다. 혈을 결지한 곳은 현재 주방으로 사용되고, 앞에는 진응수眞應水(혈장 앞이나 옆에 있는 샘물을 가리킨다)가 솟아오르고 있다. 물맛이 기막힐 정도로 좋았다고 하는데, 현재는 흔적도 없이 메워버려 큰 아쉬움이 남는다.

이 음식점을 풍수적으로 살펴보면 금계포란형金鷄抱卵形으로 닭이 알을 품고 있는 모습과 비슷하다. 주산은 닭의 머리에 해당하며 청룡 백호가 잘 감싸주고, 안산은 알의 형태인 둥근산이 있어야 한다. 부귀쌍전富貴雙全하는 형세다. 이곳의 지명은 새가 편안하게 쉰다는 뜻의 조안면鳥安面이다. 지명과 절묘하게 맞아 떨어지는 곳에 터를 잡고

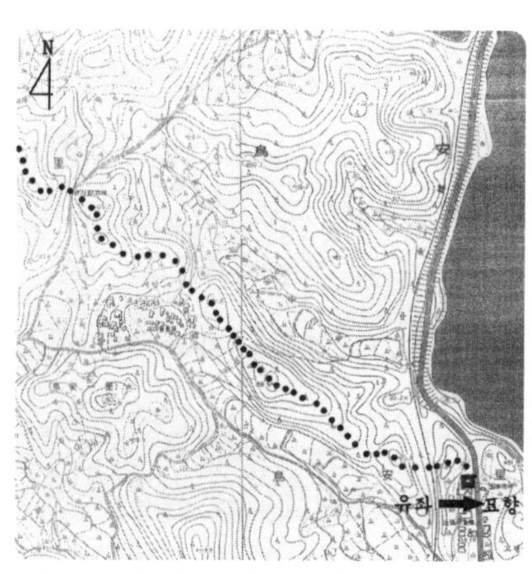

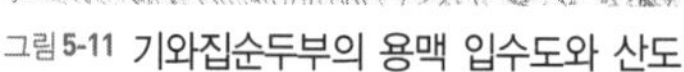
그림 5-11 기와집순두부의 용맥 입수도와 산도

알을 품었으니(장사를 시작했으니) 번성하지 않을 수가 없다.

88향법은 자왕향自旺向으로, 남자는 총명하고 여자는 용모가 준수하여 부귀를 누린다. 특히 재물이 넘치고 자손도 번창할 풍수지리적 특성을 갖는 입지 조건이다.

공간 구성

이 음식점의 주출입구는 남서쪽에 있다. 주방과 계산대가 모두 길방인 보필방輔弼方에 해당하는 위치에 있어 공간 구성도 잘되어 있다. 처음 개업했을 때는 주방의 위치가 현재의 위치가 아닌 북동쪽에 있었다. 그런데 지금의 위치로 주방을 옮기면서 신기하게도 손님들이 몰려들기 시작했다고 한다. 가택구성 분석도에서 보는 것처럼 입수룡이 주방으로 정확히 입수하여 길지에 주방이 제대로 자리를 잡았다.

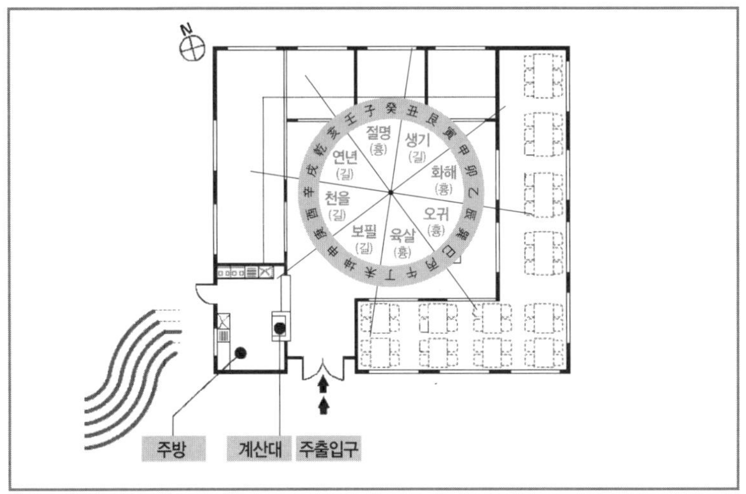

그림 5-12 기와집순두부의 가택구성 분석도

성남 토속한정식 안집

경기도 성남시 분당구 서현동에 있는 이 음식점의 주 메뉴는 한정식과 갈비다. 분당 신도시 주변에 있는 한정식집으로 2층짜리 현대식 건물로 지어졌다. 도로변에 음식점들이 밀집해 있고 아파트 단지와 도로 하나를 사이에 두고 있다.

주변이 그린벨트 지역으로 음식점이 밀집해 있다. 뒤뜰에 있는 장독대는 한옥과 어우러져 음식 맛을 한층 더 돋운다. 음식이 정갈하면서 맛깔스러워 밥 한 공기를 어떻게 비웠는지 모를 정도다. 정말 맛있는 집이다.

이 음식점의 대지는 도로변으로 긴 형태인데, 그 단점을 보완하기 위해 건물을 2동으로 나누고 양옥과 한옥으로 각각 1동씩 건축했다. 대지가 정사각형의 모양을 띠게 되면서 도로변으로 긴 형태였던 약점을 완벽하게 보완한 것이다. 절묘한 연출이다.

사진 5-14 토속한정식 안집의 전경

풍수적 특징

이 음식점의 혈 형태는 집닭이나 새둥지 혹은 소쿠리 속처럼 오목하게 들어간 형태의 혈장인 와혈窩穴이고, 혈 결지법은 결인속기법結

咽束氣法이다. 입수룡은 직룡입수直龍入首로, 현무봉 중심으로 출맥한 용이 위이와 굴곡 등으로 변하면서 내려오다가 입수할 때는 직선으로 입수도두入首到頭 한가운데로 들어가는 형태다. 용의 기세가 강성하고 웅대하여 발복이 크고 빠르다.

형국론을 살펴보면 황룡농주형黃龍弄珠形이다. 황룡이 여의주를 가지고 희롱하면서 노니는 형상인데, 안산이 여의주처럼 둥글게 생긴 독산이어야 한다. 용과 관련된 형국은 발복이 매우 크고 부귀쌍전富貴雙全하는 형세다.

사진 5-15 안산이 무곡 금성체로 돈이 넘쳐나는 형상이다.

88향법은 정왕향正旺向으로 부귀쌍전한다. 특히 총명한 영재가 출생하여 이름을 세상에 널리 알리고, 자손이 번창하여 모두 부자가 될 풍수지리적 특성을 갖는 입지 조건이다.

사진 5-16 음식점 뒤쪽에서 안산을 바라본 모습이다.

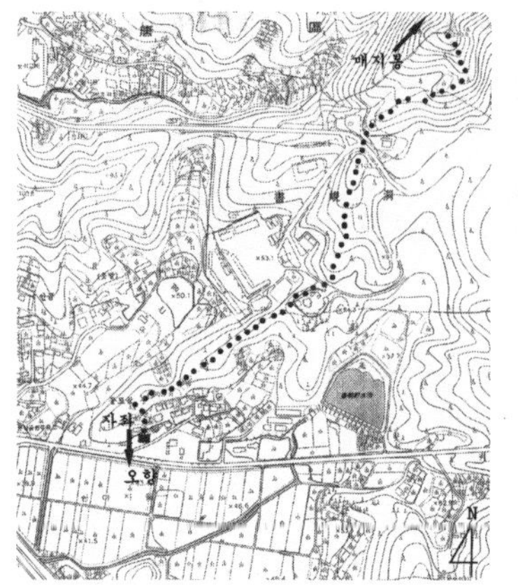

그림 5-13 토속한정식 안집의 용맥 입수도와 산도

공간 구성

이 음식점의 주출입구는 동쪽에 있다. 주방은 북쪽에 있어 생기방生氣方에 해당해 길하고, 계산대는 동쪽에 있는데 연년방에 해당하므로 이 또한 길한 방위다. 주방과 계산대가 모두 길한 방향에 잘 자리 잡았다.

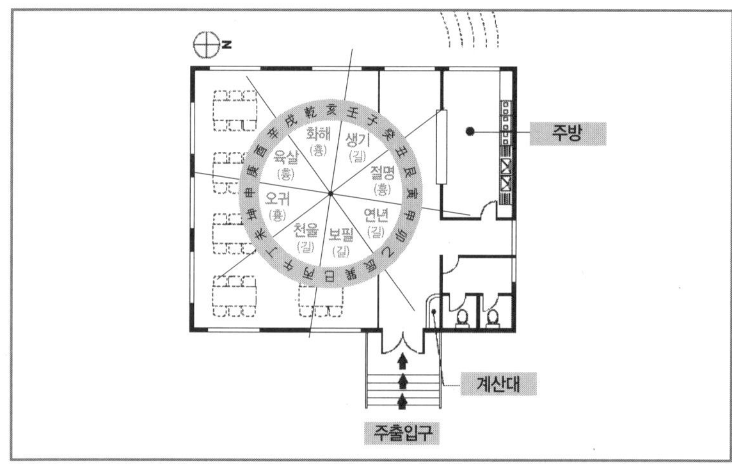

그림 5-14 토속한정식 안집의 가택구성 분석도

시흥 서운칼국수전문점

경기도 시흥시 군자동에 있는 이 음식점은 주 메뉴가 칼국수로 1994년 7월에 개업했다. 경영자의 부모가 살던 집을 10여 년 전에 증축 개조해서 개업했는데, 지금은 1층짜리 슬레이트 건물로 허름한 상태다.

이 음식점은 도로변에 있는 전형적인 시골집 형태로 아주 허름하다. 그런데 4차선 시흥대로변에 있는 이 집의 주차장은 자동차들로 넘쳐난다. 자동차가 넘쳐나는 것으로 보아 장사가 잘된다는 것을 단번에 알 수 있다. 이곳은 점심시간에 가면 줄을 서야 하는데, 멸치육수로 만든 칼국수를 찌그러진 양은그릇에 담아주는데 맛이 정말 일품이다.

이 음식점은 사각형에 삼각형이 붙어 있는 형태의 아주 불리한 대지 조건을 가졌다. 그러나 사각형 모양의 대지에 허름한 건물을 지어 음식점을 개업하고, 삼각형의 공간을 분리하여 주차장으로 이용했다. 불리한 조건을 잘 활용한 경우다.

사진5-17 서운칼국수전문점의 전경

혈처에 있는 이 음식점으로 사람들이 몰려들자 옆에 새 건물을 신축했으나 여전히 허름한 곳으로만 사람들이 몰린다는 것은 현대의 과학적 시각으로는 설명하기 어렵다.

풍수적 특징

사진 5-18 안산이 무곡 금성체로 돈이 넘치는 형상이다.

군자봉의 아름다운 기운을 흠뻑 받고 낙맥한 용맥이 탯줄을 통해 태아가 자라는 과정과 같은 태식잉육법胎息剩育法으로 오목한 혈을 맺고 있다.

군자봉의 중출맥으로 출맥한 용이 위이와 굴곡 등으로 변하면서 내려오다가, 입수할 때 직선으로 서운칼국수전문점 주방으로 들어가는 형태다. 용의 기세가 강성하고 웅대하여 발복이 크고 빠르다. 구름이 뭉게뭉게 피어오르는 것처럼 중첩된 안산은 혈처에 생기를 끊

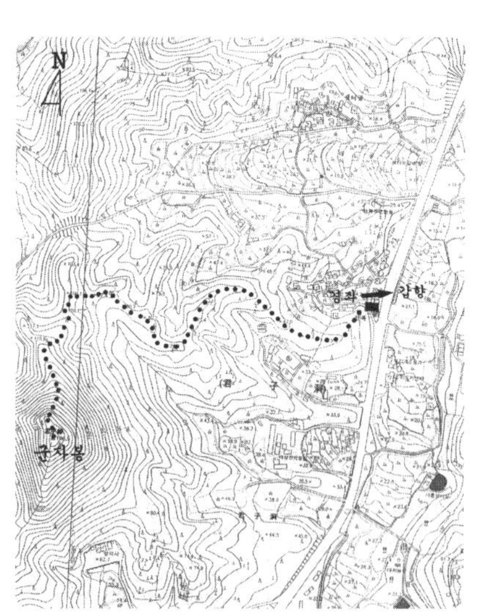

그림 5-15 서운칼국수전문점의 용맥 입수도와 산도

임없이 불어넣어 주고 있다.

형국론을 살펴보면 귀인단좌형貴人端坐形으로 귀인이 단정하게 앉아 있는 형국을 말하며, 귀인은 탐랑貪狼 목성체木星體 중에서 귀인봉을 말한다. 혈은 귀인의 배꼽 또는 단전 부분에 있다. 부귀쌍전富貴雙全하는 형세다.

88향법은 목욕소수沐浴消水로, 녹존유진패금어祿存流盡佩金魚라 하여 반드시 부귀가 따른다. 모든 자손들이 크게 번창할 풍수지리적 특성을 갖는 입지 조건이다.

공간 구성

이 음식점의 주된 출입문은 동쪽에 있다. 주방은 북쪽에 있어 천을방天乙方에 해당해 길하고, 동쪽에 있는 계산대도 연년방延年方에 해당해 길하다. 공간 구성도 가택구성의 원리에 맞게 잘 배치했다.

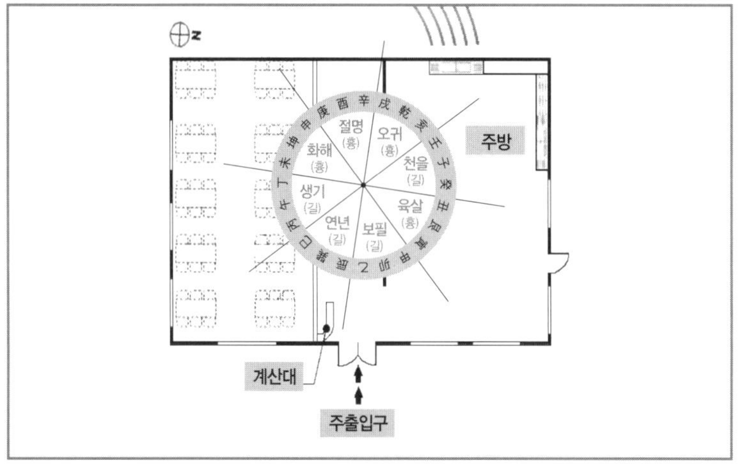

그림 5-16 서운칼국수전문점의 가택구성 분석도

남양주 밤나무집

경기도 남양주시 별내면에 있는 이 음식점의 주 메뉴는 보신탕과 유황오리다. 시골 마을에 있는 1층짜리 기와집으로 도로변에 음식점들이 많이 있는데, 도로에서 약간 들어간 곳에 있다. 바로 옆에 산이 있어 경치가 아름다울 뿐 아니라 경치에 걸맞게 음식 맛도 아주 좋다.

이 음식점은 기존에 살던 주택을 그대로 활용하고 있으며, 'ㄴ'자 형의 약점을 보완하기 위해 집 옆 계곡에 평상을 설치했다. 평상은 기다리는 손님들을 접대하는 용도로 쓰이는 데 큰 도움이 된다. 신도시 개발로 이와 같은 길지가 없어진다면 아주 큰 손실이다. 이곳에 새로운 건물이 들어서서 더 많은 사람들이 혜택받을 수 있기를 바랄 뿐이다. 현명한 개발을 기대해 본다.

사진 5-19 밤나무집의 전경

풍수적 특징

북한산 자락의 강한 기운을 힘차게 끌고 내려온 용맥이 혈을 맺고, 단단한 기운을 곧장 주방으로 뻗어 입수하는 직룡입수直龍入首 형태다. 험한 기운이 수십 리를 행룡하면서 순하게 탈살脫煞되고 변하여 이곳에 이르러서는 아주 순한 용으로 혈을 맺는다. 부드러움 속의 강

사진 5-20 안산이 무곡 금성체로 아주 아름답다. 돈이 저절로 굴러 들어오는 형상이다.

성하고 웅대한 기운은 발복이 크고 빠른데, 이곳은 완벽한 조건을 갖춘 곳으로 볼 수 있다.

형국론을 살펴보면 노승예불형老僧禮佛形으로 늙은 스님이 목탁을 치며 절하는 형상이다. 성품이 고상하고 지혜로운 빼어난 인물을 많이 배출하는 형세다.

이곳의 또 다른 특징은 안산의 형세다. 사진에서 보는 것처럼 아름다운 형태의 무곡 금성체 형상으로, 이것은 과장이 아니라 정말 돈이 저절로 굴러 들어오는 형상이다.

88향법은 자생향自生向으로 조빈석부朝貧夕富에 부귀왕정富貴旺丁이라 하여, 매우 길한 풍수지리적 특성을 갖는 입지 조건이다.

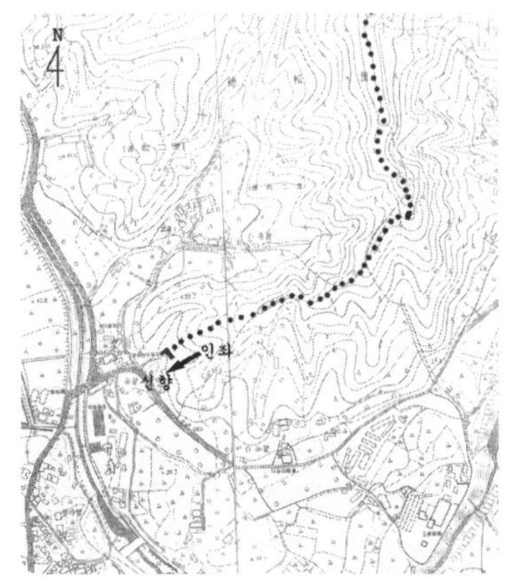

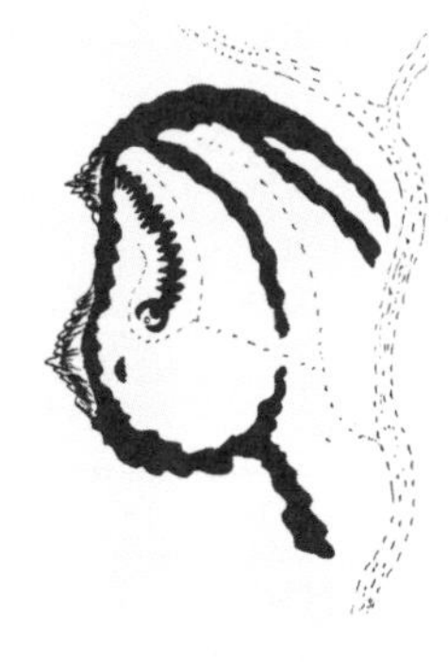

그림 5-17 밤나무집의 용맥 입수도와 산도

공간 구성

이 음식점의 주출입구는 남서쪽에 있다. 주방도 남서쪽에 있어 천을방에 해당하고 계산대는 서쪽 연년방에 해당해 둘 다 길한 방향에 있다. 공간 구성까지 이법理法에 맞으니 명당의 기운이 배가되어 음식 맛을 더욱 살리게 된다. 그러니 장사가 잘될 수밖에 없다.

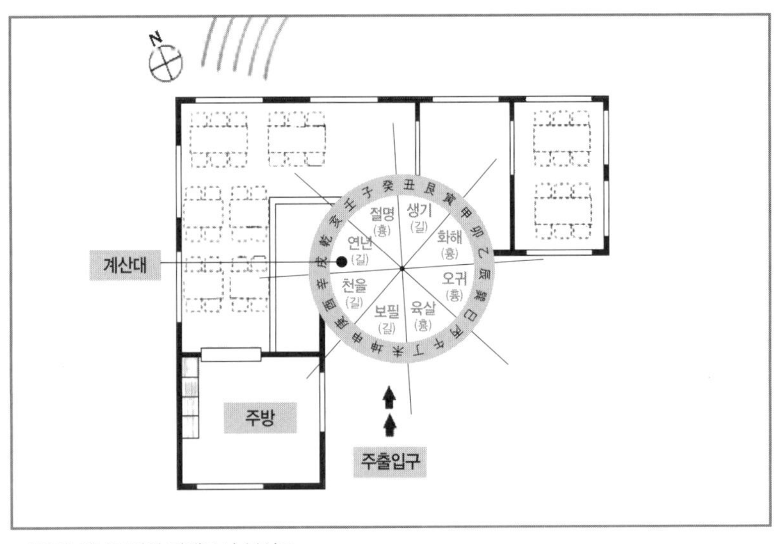

그림 5-18 밤나무집의 가택구성 분석도

화성 칠보산오리숯불구이

경기도 화성시 매송면에 있는 이 음식점은 시골 마을에 있는 1층짜리 철골조 건물로, 주변에 군부대가 있고 별다른 특색은 없다. 현 경영자가 오리구이에 대한 특허를 획득하는 등 남다른 노력과 경영으로 이곳에서 17년간 영업해 왔다. 또 주변의 땅을 매입하여 자연 친화적인 환경 조성을 준비하고 있다.

주 메뉴는 오리숯불구이인데 사람 냄새 나는 푸근한 공간이다. 실내에 둥근 탁자와 둥근 의자를 배치했는데 이것은 재물을 상징하는 것으로 아주 좋은 가구 배치다. 창고형의 인테리어로 비용을 최소화했으며, 소박한 분위기를 연출하고 있다. 안쪽으로 긴 대지에 'ㄴ'자

사진 5-21 칠보산오리숯불구이의 전경

형의 건물을 앉히고 난 마당은 상당히 안정된 기운을 연출하는 정사각형의 아름다운 공간을 만들고 있다.

풍수적 특성

병풍을 친 것처럼 칠보산이 크게 날개를 편 안쪽에 모양이 소쿠리 같기도 하고 솥뚜껑 또는 조개껍질 같기도 한, 중앙의 혈심이 오목한 모습의 와혈窩穴을 맺는다. 혈의 결지법은 태식잉육법胎息剩育法으로, 현무봉에서 혈에 이르기까지의 과정이 탯줄을 통해 태아가 자라는 과정과 같다.

형국론을 살펴보면 옥녀탄금형玉女彈琴形으로 옥녀가 거문고를 타는 형상이다. 성품이 고상하고 지혜로운 빼어난 인물을 많이 배출하는 형세다. 88향법은 문고소수文庫消水로 반드시 총명한 수재가 태어

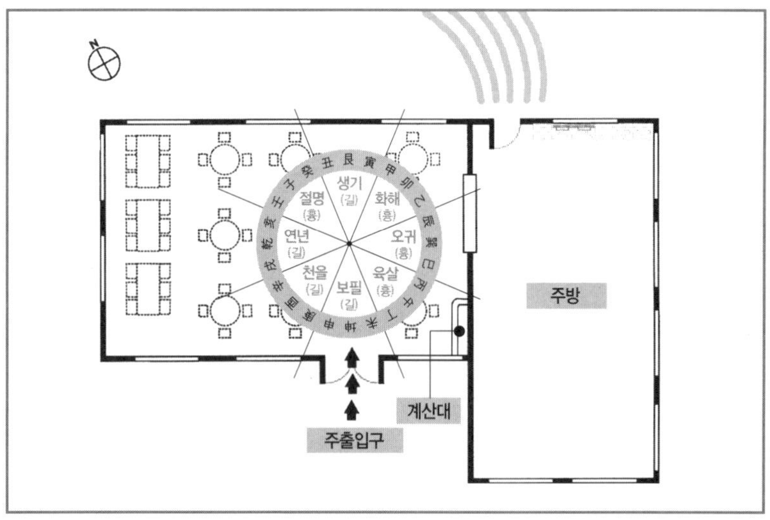

그림 5-19 칠보산오리숯불구이의 가택구성 분석도

난다. 또 문장이 특출하여 부귀를 누린다. 매우 길한 풍수지리적 특성을 갖는 입지 조건이다.

공간 구성

이 음식점의 주출입구는 남서쪽에 있다. 이 음식점의 경우 주방과 계산대가 모두 오귀방五鬼方, 육살방六殺方에 해당하는 동남쪽에 있어 흉한 공간 구성을 보이고 있다.

파주 한정식 산들래

경기도 파주시 교하읍에 있는 이 음식점의 주 메뉴는 한정식이다. 심악산 아래 1층짜리 황토집으로 풍경은 매우 아름다우나 접근성이 뛰어나지도 않고 외부에서 잘 보이지도 않는다. 그런데도 손님이 아주 많다. 주차장이 꽤 넓은데도 주차할 공간이 없을 정도로 붐빈다. 종업원들도 친절하고 분위기도 아늑해 데이드하는 연인들이 찾기에 좋은 곳이다.

식사 후에 차를 마시면서 담소를 나눌 수 있는 공간을 별도로 마련해 손님을 배려하는 마음이 돋보인다. 이 음식점은 대지가 안으로 깊이 들어간 형태인데 건물도 마찬가지로 안으로 깊은 구조다. 내부 공간은 여성적 취향으로 매우 화려하게 꾸며졌는데 아늑한 분위기도 아울러 느낄 수 있다.

사진 5-22 한정식 산들래의 전경

풍수적 특성

학이 부리를 뻗어 시냇가의 물고기를 입에 무는데, 좌우 날개는 포근하게 감싸 안고 있는 형상이다. 바로 부리에 해당하는 부분에 혈을 맺는데, 혈 형태는 닭이나 새둥지 혹은 소쿠리 속처럼 오목하게 들어간 형태의 혈장인 와혈窩穴이다. 혈의 결지법은 태식잉육법胎息剩育法으로 현무봉에서 혈에 이르기까지의 과정이 탯줄을 통해 태아가 자라는 과정과 같다. 입수룡은 횡룡입수橫龍入首(현무봉을 출발한 주룡主龍이 비교적 크게 행룡해 가는데 그 옆구리에서 입수룡이 나온다. 이때 입수룡은 거의 다 탈살된 상태로 크게 변하지 않는다. 서너 절 굴곡이나 위이逶迤한 다음 혈을 맺는 것이 일반적이다)하여 주방에 생기를 가득 채우고 있다.

사진5-23 주방으로 입수하는 용의 모습으로 마치 청학의 부리와 같은 형상이다.

형국론을 살펴보면 청학하전형靑鶴下田形이다. 이것은 청학이 구슬을 찾아 밭에 내려온 형상으로 주룡은 부리이며 혈은 부리 끝이나 이마에 해당하는 곳에 있다. 성격이 고고하고 인품이 훌륭하며 학문과 문장이 출중한 자손을 배출하는 형세로, 먹을 것이 풍성하다. 88향법은 태향태류胎向胎流로 부귀를 크게 누린다. 또 자손이 크게 번창하여 인정흥왕人丁興旺한다는 매우 길한 풍수지리적 특성을 갖는 입지 조건이다.

공간 구성

이 음식점의 주된 출입문은 동쪽에 있다. 주방은 서쪽에 자리 잡아 흉방인 절명방絕命方에 해당하고, 계산대는 동쪽에 자리 잡아 보필방輔弼方으로 길방에 해당한다.

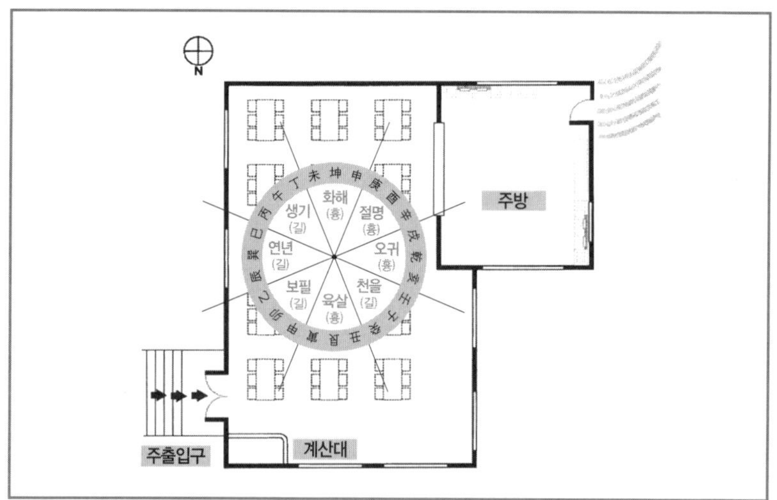

그림 5-20 한정식 산들래의 가택구성 분석도

서울 종로 토속촌삼계탕

서울시 종로구 체부동에 있는 이 음식점의 주 메뉴는 삼계탕이다. 경복궁 근처의 주택가에 있으며 1층짜리 한옥 건물이다. 골목으로 약간 들어간 곳에 있어 접근성이 뛰어난 편이다. 주변에 3호선 경복궁역이 있고, 승용차도 출입하기 좋은 곳에 있다. 주차요원이 있어 불편함이 없고 종업원들도 친절하고 음식 맛도 좋아 손님들로 문전성시를 이룬다.

이곳의 삼계탕은 기름 한 방울 뜨지 않으면서 담백하고 시원하다. 국물에 굉장한 비법이 숨어 있는 듯하다. 이 음식점은 한옥이 여러 채 합쳐져 명백한 전착후광前窄後廣의 형세를 하고 있다. 실제로 방문해서 참고하면 큰 도움이 될 것이다.

사진 5-24 토속촌삼계탕의 전경

풍수적 특성

인왕산의 험한 기운이 행룡하는 과정에서 순하게 박환되어 큰 혈을 하나 맺는데, 그곳이 바로 이 음식점이 있는 터다. 혈 형태는 풍만한 여인의 유방처럼 혈장이 약간 볼록한 형태의 유혈乳穴이며, 태식잉육법胎息孕育法으로 결지했다.

형국론은 인왕산 호랑이가 달려 나올 것 같은 맹호출림형猛虎出林形이다. 인왕산의 강한 기운이 호랑이 같은 기상을 느끼게 하고, 이미 탈살되어 부드러워진 용맥은 아름다운 여인을 느끼게 한다. 강함과 부드러움의 조화는 이곳이 대혈지라는 것을 말해 준다. 88향법은 문고소수文庫消水로 반드시 총명한 수재가 태어난다. 문장이 특출하여 부귀를 누리는 매우 길한 풍수지리적 특성을 갖는 입지 조건이다.

사진 5-25 주산이 인왕산인데 무곡 금성체다. 돌이 많아 기가 세어 돈도 아주 강한 기세로 들어온다.

사진 5-26 줄 서서 기다리는 손님들의 모습

공간 구성

이 음식점의 주출입구는 북쪽에 있다. 주방은 남쪽에 자리 잡아 연년방延年方에 해당해 길하고, 계산대는 북쪽에 있어 보필방輔弼方에 해당해 역시 길방이다. 전착후광의 전형적인 형태를 갖추었을 뿐 아니라 공간 구성도 이법에 정확하게 맞아떨어지고 있다. 이곳은 풍수적인 조건과 부수적인 여러 요인이 종합적으로 잘 결합되어 장사가 잘되는 최적의 조건을 갖추었다.

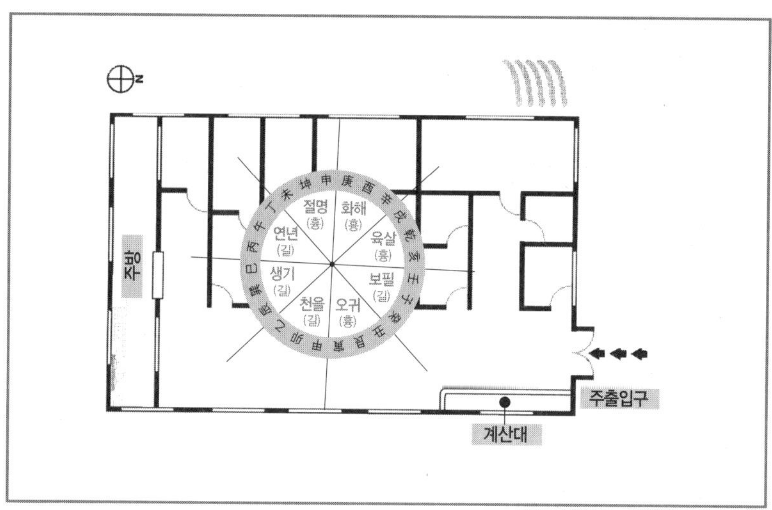

그림 5-21 토속촌삼계탕의 가택구성 분석도

수원 상광교동 폭포상회

경기도 수원시 장안구 상광교동에 있는 이 음식점의 주 메뉴는 보리밥이다. 광교산 등산로 입구에 있는 1층짜리 주택으로, 광교지구 개발 지역에서 벗어나 그린벨트 지역에 있어 주변 환경이 매우 좋다. 폭포상회 앞과 옆에 냇가가 있는데 두 물이 합수하는 안쪽에 자리 잡고 있다.

주 메뉴가 보리밥이긴 하나 보리밥 외에도 메뉴가 다양하다. 맛깔스러운 다양한 메뉴를 맛볼 수 있어 더할 나위 없이 좋다. 주말에는 수많은 등산객이 이 집의 음식을 맛보기 위해 모여들어 발 디딜 틈조차 없다. 분위기와 음식 맛이 잘 어우러진 맛집이다.

사진 5-27 폭포상회의 전경

풍수적 특성

광교산의 넉넉한 품에 안겨 새의 보금자리 같은 혈을 맺으니 혈의 형태는 와혈窩穴이다. 둥글둥글한 주봉의 정룡正龍(정룡은 주위의 용에 비해 특이하다. 좌우 방룡方龍의 높이보다 약간 낮게 행룡한다. 사방에서 불어오는 바람을 방룡이 막도록 하여 자신의 생기가 흩어지지 않도록 하기 위함이다. 정룡은 아름답고 깨끗하다. 또 한쪽으로 치우침 없이 좌우 균형을 이루며 행룡한다. 반면 방룡은 정룡 쪽을 향하고 있으며, 독립성이 부족하고 기세가 나약하다. 따라서 혈을 찾고자 할 때는 반드시 중출정맥中出正脈인 정룡을 찾아야 한다. 방룡에서 심혈尋穴은 바랄 수 없는 것이 원칙이다. 그러나 방룡도 좌우에서 보호해 주는 능선이 있으면 변하여 혈을 맺을 수 있다)은 위이기복逶迤起伏하면서 이 음식점의 주방으로 찾아들어 광교산의 넉넉함을 한껏 안겨준다. 안산도 광교산의 우백호에 해당하니 광교산의 품에 푹 안겨 있는 형국이다.

사진 5-28 주산이 무곡 금성체로 많은 돈을 벌 형상이다.

사진5-29 안산인 우백호도 무곡 금성체로 돈은 원 없이 벌 형상이다.

형국론을 살펴보면 금계포란형金鷄抱卵形으로 닭이 알을 품고 있는 형상과 흡사하다. 닭은 20~30마리의 병아리를 한꺼번에 부화시키기 때문에 다산과 자손의 번창을 의미한다. 총명하고 학문에 뛰어난 자손이 나와 부귀쌍전富貴雙全하는 형세다. 88향법은 자생향自生向으로 조빈석부朝貧夕富에 부귀왕정富貴旺丁이라 하여 매우 길한 풍수지리적 특성을 갖는 입지 조건이다.

공간 구성

이 음식점의 주출입구는 서북쪽에 있다. 주방은 남쪽에 있어 절명방絶命方으로 흉하지만, 계산대는 서북쪽에 있어 보필방輔弼方으로 길방에 있다. 내부 공간 구성이 길흉이 혼재하고 있는데, 이런 부분까지 세심한 주의를 기울여야 한다.

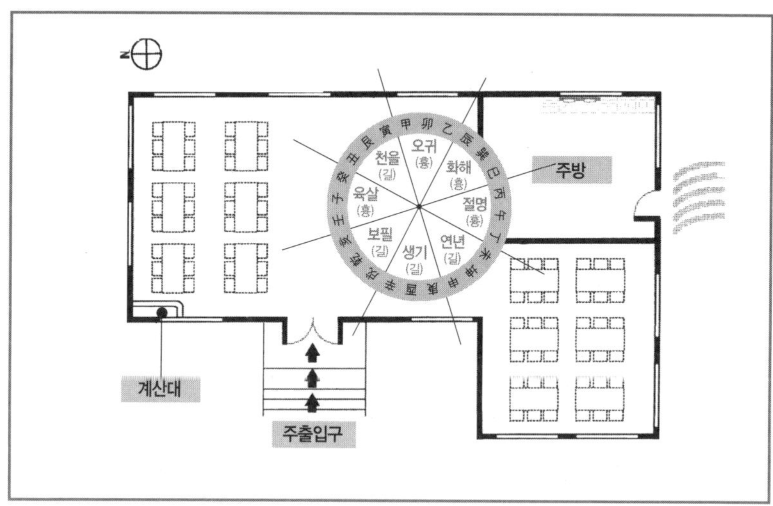

그림 5-22 폭포상회의 가택구성 분석도

부천 홍두깨칼국수전문점

경기도 부천시 원미구 춘의동에 있는 이 음식점의 주 메뉴는 칼국수다. 오류동에서 부천시청 가는 왼쪽 산속에 1층짜리 건물로 자리 잡고 있는데, 도로변에 있어 접근성이 매우 뛰어나다. 주변에 음식점들이 많은데, 음식점 건물들이 비교적 근래에 지어져 상당히 깨끗하다. 또 산으로 둘러싸여 있어 주변 환경도 좋다. 이곳의 칼국수는 다른 곳과 달리 맛이 아주 담백하고 깔끔해 한 번 먹어본 사람이라면 그 맛을 잊지 못한다. 이것이 많은 사람들에게 사랑받는 이유가 아닐까 한다.

사진5-30 홍두깨칼국수전문점의 전경

이 음식점은 건물을 지상으로 띄우지 않고 땅 위에 직접 건축했으며, 주출입구를 옆으로 돌려 안쪽으로 긴 공간을 구성했다. 건물도 둥글게 지어져 재물이 풍성한 형상을 하고 있다. 장사 잘되는 건물을 짓고자 한다면 이곳을 방문해 보고 모델로 삼아도 좋을 것이다. 넓은 홀에 가지런히 배열된 식탁에서 전면에 배치된 창문을 통해 전망을 감상할 수 있다. 둥근 천정은 기를 모아들이는 중요한 구실을 한다.

풍수적 특성

무곡 금성체의 주산에서 중출맥으로 출맥한 용은 주변의 청룡과 백호, 안산의 보호 아래 혈을 결지한다. 혈의 형태는 풍만한 여인의 유방처럼 약간 볼록한 형태의 혈장인 유혈乳穴이며, 혈의 결지법은 태식잉육법胎息剩育法이다.

입수룡은 칼국수를 빚고 있는 주방으로 곧장 뻗어 생기를 공급하

사진 5-31 주산과 지붕이 무곡 금성체로 돈이 넘쳐나는 형상이다.

는데, 칼국수에 명당의 기운이 더해져 더할 수 없는 맛을 내게 되는 것이다. 형국론을 살펴보면 옥녀무수형玉女舞袖形으로 옥녀가 소매를 치켜들고 춤추는 형상이다. 주산은 옥녀봉이고 청룡이나 백호가 소맷자락에 해당한다. 부귀겸전富貴兼全, 즉 부와 명예를 모두 얻는 형세다.

88향법은 자왕향自旺向으로 남자는 총명하고 여자는 용모가 아름다워 부귀를 누린다. 특히 재물이 넘치고 자손도 번창한다 하여 매우 길한 풍수지리적 특성을 갖는 입지 조건이다.

공간 구성

이 음식점의 주출입구는 동쪽에 있다. 주방은 남쪽에 있어 생기방生氣方으로 길하고, 계산대는 동쪽에 있어 보필방輔弼方에 해당해 이 또한 길하다. 터도 명당이고 내부 공간 구성도 모두 길방을 향하니 금상첨화다.

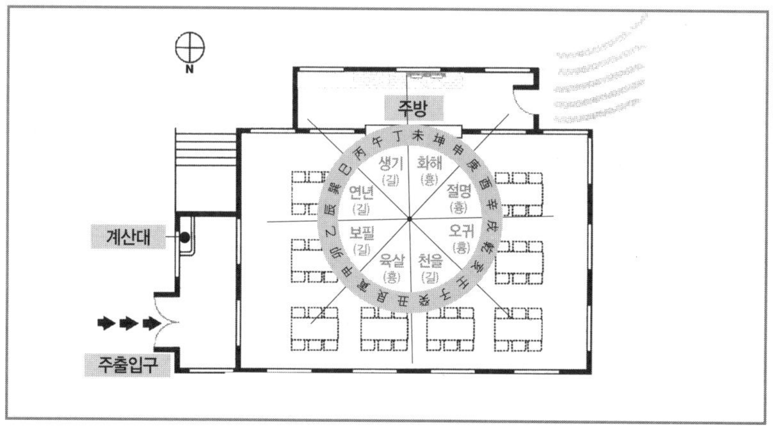

그림 5-23 홍두깨칼국수전문점의 가택구성 분석도

광주 강마을 다람쥐

경기도 광주시 남종면에 있는 이 음식점의 주 메뉴는 도토리묵이다. 이곳은 남한강변에 자리 잡아 남한강이 한눈에 내려다보이는 아름다운 전망을 가지고 있다. 1층짜리 흰색 건물은 주변 환경과 절묘한 조화를 이루어 마치 한 폭의 풍경화 같은 느낌을 준다. 그 덕분에 많은 사람들이 이곳을 찾는다. 주 메뉴인 도토리묵과 주변 풍경의 조화는 이곳의 풍취를 한층 더 돋운다. 꼭 다시 찾고 싶은 곳으로 연인과 함께라면 더욱 좋을 듯하다.

이 음식점은 도로변에 있어 도로변으로 긴 대지처럼 보이지만, 건

사진 5-32 강마을 다람쥐의 전경

물을 두 동으로 건축하고 중간에 계단을 만들어 그런 효과를 반감시켰다. 전체 대지를 살펴보면 안으로 깊이 들어가는 대지임을 알 수 있다.

접근성을 좋게 하기 위해 도로 쪽으로 건축했고, 강변 쪽에 전망을 감상하기 위한 넓은 대지가 있다. 도로 쪽 마당은 도로 쪽으로 긴 대지지만, 앞마당은 정사각형으로 아주 안정적인 구조다. 건물의 평면 형태는 안으로 긴 구조이며, 내부는 흰색의 아주 밝은 인테리어로 꾸며져 있다.

풍수적 특성

거문巨門(산 정상이 일자처럼 평평한 형상) 토성체 주산에서 떨어져 나와 남한강과 북한강이 합수하는 지점으로, 머리를 숙여 물을 마시러 가던 용이 조그마한 맥 하나를 주방 쪽으로 뻗는다. 이 음식점의 혈 형태는 겸혈鉗穴(입수도두 양쪽에서 선익蟬翼이 비교적 직선으로 길게 뻗었는데 혈은 그 아래에 있어 바람으로부터 선익의 보호를 받는다. 선익은 끝에 가서 혈 쪽으로 굽어 만곡하면서 혈을 회포懷抱한 형태를 취한다)이며 좌우선법左右旋法으로 결지했다.

주방으로 입수한 용맥은 현무봉을 출발한 주룡이 크게 행룡할 때 그 옆구리에서 나온 자그마한 맥이다. 단단하게 기를 응결시킨 이 맥이 이곳 강마을 다람쥐의 번영을 가져온 원천이다. 이처럼 작은 맥 하나가 그 터에 자리 잡은 사람에게 믿어지지 않을 정도로 엄청난 번영을 가져다주기도 한다. 이것이 곧 자연의 힘이고 경이로움이다.

형국론을 살펴보면 어옹수조형漁翁垂釣形으로 늙은 어부가 낚싯대

사진 5-33 안산이 무곡 금성체로 돈은 원 없이 버는 형상이다.

를 물가에 드리우고 물고기를 낚는 형상으로 혈 앞에 큰 물이 흘러야 한다. 주로 큰 부자가 나지만 귀한 자손이 나와 벼슬도 높게 오르는 형세다.

88향법은 목욕소수沐浴消水로 녹존유진패금어祿存流盡佩金魚라 하여 반드시 부귀를 누리게 된다. 또 모든 자손이 크게 번창한다 하여 매우 길한 풍수지리적 특성을 갖는 입지 조건이다.

공간 구성

이 음식점의 주출입구는 서쪽에 있다. 주방은 남쪽에 있어 오귀방五鬼方에 해당해 흉하고, 북쪽에 있는 계산대는 연년방延年方으로 길방에 해당한다.

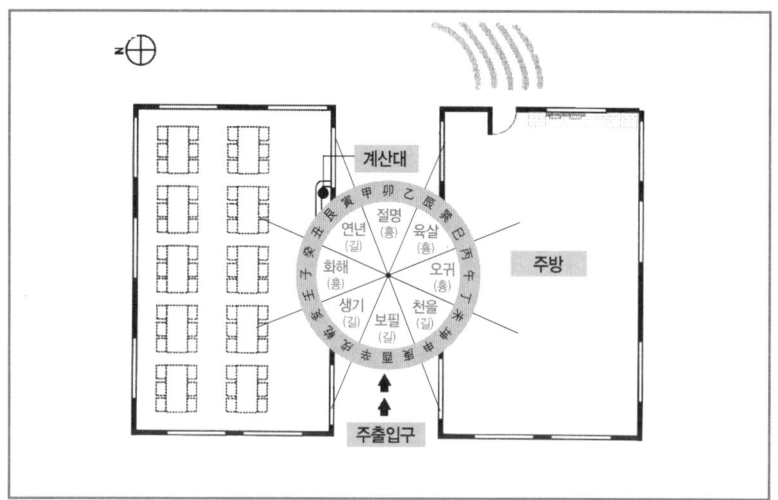

그림 5-24 강마을 다람쥐의 가택구성 분석도

포천 송참봉밥집

경기도 포천시 소흘읍에 있는 이 음식점의 주 메뉴는 한정식이다. 높은 분지에 자리 잡고 있어 주변 산들이 포근하게 감싸 안고 있다. 잘 가꾼 나무와 주변 산들이 조화를 이루어 풍경이 한층 더 아름답다. 입구 근처에는 낚시터가 있어 분위기 조성에 한몫하고 있다. 이 집은 음식값이 저렴하면서도 맛이 좋아 사람들이 끊이지 않는다. 주차 공간이 부족한 데도 참 놀라울 따름이다.

이 음식점의 대지는 안으로 깊은 형태이며, 앞마당도 안으로 긴 직사각형이다. 건물의 평면은 정사각형으로 안정적인 형상이다.

내부 인테리어도 자연적인 분위기 연출을 위해 목재를 원형 그대

사진 5-34 송참봉밥집의 전경

로 사용했다. 가운데 천장을 높여 기가 중앙에 모이게 한 것이 사람들을 끌어들이는 데 한몫했다. 건물 주변에 다양한 서비스 공간을 만들어 자연 풍경을 만끽하며 휴식을 취할 수 있도록 했는데 상당한 매력으로 작용하고 있다.

풍수적 특성

이곳은 주변의 산들이 푸근하게 감싸 안아 외부에서는 안이 들여다보이지 않는 형국이다. 혈의 형태는 와혈窩穴이며 좌우선법左右旋法으로 결지했다. 음식점 앞의 진응수眞應水는 이곳이 대혈지임을 입증하고 있다. 나지막한 현무봉에서 횡룡으로 입수한 용맥은 정확하게 주방으로 입수하고 있다.

사진5-35 천장 가운데를 높여 기가 모이도록 한 내부

이 음식점의 형국론은 청학포란형青鶴抱卵形이다. 청학이 알을 품고 있는 형국으로, 앞쪽에 알에 해당하는 둥그런 무곡성의 소원봉이 있어야 한다. 주로 큰 부자가 나지만 귀한 자손이 나와 벼슬도 높게 오르는 형세다. 88향법은 정묘향正墓向으로 발부발귀發富發貴하고 복수상전福壽雙全한다 하여 매우 길한 풍수지리적 특성을 갖는 입지 조건이다.

공간 구성

이 음식점의 주출입구는 북서쪽에 있다. 주방은 서남쪽에 있어 연년방延年方으로 길하고, 계산대도 생기방生氣方으로 길에 해당하는 서쪽에 있어 둘 다 길방에 있다.

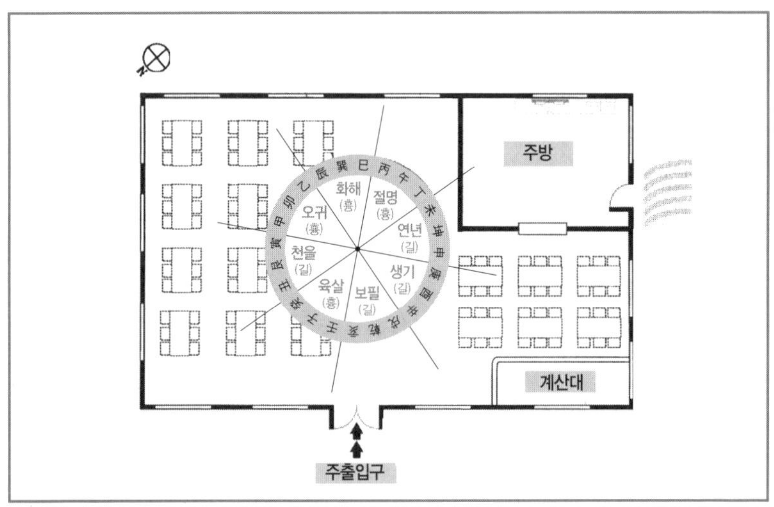

그림 5-25 송참봉밥집의 가택구성 분석도

용인 산사랑

경기도 용인시 수지구 고기동에 있는 이 음식점의 주 메뉴는 한정식이다. 광교산 자락이 푸근하게 감싸 안은 분지에 자리 잡아 주변 환경이 절경이다. 잘 가꾼 정원과 자연 그대로의 산이 조화를 이루어 이곳에 오면 살고 싶은 마음이 들 정도로 아름답다.

이 집은 원래 전원생활을 하려고 지은 전원주택이다. 그런데 자매가 의기투합하여 한정식집을 개업한 것이다. 개업한 이후 손님들이 계속 몰려들었다고 하는데, 정말 콩나물시루처럼 사람들로 빼곡하다.

식사 후에는 산책할 수도 있고 커피를 마시면서 담소도 나눌 수 있도록 숲길을 조성했다. 주변 산 속에 다양한 테마 휴식 공간을 제공하고 있어 단순히 식사만 하는 것이 아니라 자연과 함께 휴식을 취할

사진 5-36 산사랑의 전경

수 있도록 꾸며 놓았다. 인공적인 인테리어로는 연출할 수 없는 '자연'이라는 가장 큰 장점을 가졌다.

이 음식점은 대지와 건물이 모두 정사각형 모양으로 안정된 기운을 지녔다. 내부 인테리어도 부담 없이 편안한 느낌을 준다. 또 노란 톤의 벽돌은 따뜻한 색깔이기 때문에 사람들에게 훈훈한 느낌을 준다. 이처럼 건물 외벽의 색깔도 인테리어에서는 중요한 요소 중 하나다.

풍수적 특성

광교산 주봉主峰에서 수지구 고기동 쪽으로 낙맥落脈한 용이 마치 뭉게구름이 피어오르듯 둥글둥글하게 뭉쳐 행룡하다가 하나의 대혈을 맺는데, 그곳이 바로 산사랑이다. 혈의 형태는 유혈乳穴이며 결지법은 좌우선법左右旋法이다. 입수룡은 정확하게 주방으로 입수하여 명당의 기운을 발산하고 있으며, 하수사下水砂(혈장 아래 있는 작고 미미한 능선으로, 혈장 아래 팔처럼 붙어 생기가 앞으로 새어나가지 못하도록 혈을 감아준다)가 아주 든든하게 혈장을 떠받치고 있다.

형국론을 살펴보면 운룡농주형雲龍弄珠形으로 구름 속의 용이 여의주를 가지고 노니는 형상인데, 앞쪽에 알에 해당하는 둥그런 무곡성의 소원봉小圓峰이 있어야 한다. 주로 큰 부자가 나지만 귀한 자손이 나와 벼슬도 높게 오르는 형세다. 88향법은 자생향自生向으로 조빈석부朝貧夕富에 부귀왕정富貴旺丁이라 하여 매우 길한 풍수지리적 특성을 갖는 입지 조건이다.

사진5-37 주산의 형상이 무곡 금성체로 매우 아름답다. 돈이 저절로 버는 형국이다.

사진5-38 좌청룡 우백호가 잘 감싸 안아주고 있다.

공간 구성

이 음식점의 주출입구는 남쪽에 있다. 그리고 주방과 계산대가 모두 연년방延年方에 해당하는 북쪽에 있다. 둘 다 길한 곳에 자리하고 있어 내부 공간 구성까지도 완벽하다.

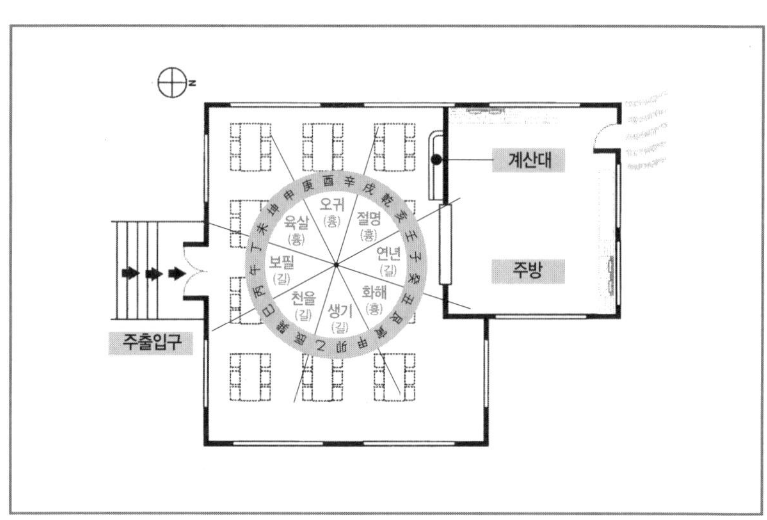

그림 5-26 산사랑의 가택구성 분석도

파주 갈릴리농원과 반구정나루터집

파주에는 대한민국 장어집 중에서 최고로 장사 잘되는 집이 있는데 바로 갈릴리농원과 반구정나루터집이다. 이 두 집은 정말로 주변 환경, 풍수적인 요소, 서비스 아이템 등이 절묘하게 맞아떨어져 최상의 효과를 거둔 곳이라 판단된다.

성공한 사람들은 남들에게는 없는 특별함을 가지고 있다. 그것이 무엇인지를 찾아내는 것이 기존의 성공한 곳을 찾아 배우는 중요한 이유라 생각된다.

풍수적인 관점에서 보면 첫째, 두 곳은 안정된 기운을 가진 평지에 자리 잡고 있다는 공통점이 있다. 둘째, 입구는 좁고 안은 넓은 형상

사진 5-39 반구정나루터집의 전경

사진 5-40 갈릴리농원의 전경

의 건축물 구조다. 셋째, 주방의 위치를 가장 좋은 곳에 입지시키고 있다. 넷째, 좌청룡 우백호가 완벽하게 환포하는 지형에 자리 잡고 있다. 따라서 풍수적으로 더 할 수 없이 안정되고 편안한 기운이 감도는 지형에 입지하고 있어 누구에게나 푸근한 기운을 줄 수 있다는 공통점을 가지고 있다.

그렇지만 이 두 집은 많은 점에서 차이를 보이고 있다. 먼저 갈릴리농원은 셀프서비스 방식을 택했다. 장어를 제외한 모든 음식을 본인이 준비해 가지고 와서 먹어야 한다. 반면에 반구정나루터집은 모든 서비스를 제공한다. 장어를 모두 구워서 서비스할 뿐 아니라 모든 음식을 종업원이 제공한다.

갈릴리농원이 현대식 건축물에서 영업을 한다면, 반구정나루터집은 전통적인 한옥 건축물에서 영업을 한다.

갈릴리농원은 산속에 입지하고 있고, 주산이 무곡 금성체로 완벽히 부를 창조하는 형상을 하고 있다. 또 도로를 끼고 있어 접근성이 굉장히 좋은 형상일 뿐 아니라 도로에 접해 있어 광고적인 측면에서도 상당히 유리한 형상을 하고 있다.

반면에 반구정나루터집은 임진강변에 있는데 완전히 평지에 입지하고 있다. 도로에서 상당히 외진 지역에 있을 뿐만 아니라 굴다리를 통해서 접근해야 하기 때문에 광고적인 측면에서 보면 상당히 불리한 조건이다.

가격 면에서도 서로 상당히 대조적인 모습을 보인다. 갈릴리농원은 셀프서비스를 하기 때문에 상당히 저렴한 반면에 반구정나루터집은 모든 서비스를 제공하기 때문에 음식값이 비싼 편이다.

그런데 두 집의 손님 수는 막상막하다. 두 집의 주변 환경 조건은 최상이다. 아름다운 자연과 함께하면서 식사할 수 있는 조건을 갖추고 있다. 서비스 또한 최상으로 제공하고 있다. 이미 두 집은 최고의 입소문을 자랑하며 더이상 잘될 수 없을 정도로 잘되는 집이다.

두 집의 성공 비결은 경쟁 업체보다 우수한 자연환경과 서비스와 맛의 차별화 덕분이라고 판단되지만 풍수적인 관점에서 설명하자면, 이곳은 최상의 길지 조건을 가졌다고 할 수밖에 없다.

따라서 도심지가 아닌 자연친화적인 지역에 창업을 하고자 하는 사람들은 필수적으로 답사해야 할 곳이라고 생각한다. 어떤 특징을 가지고 있기에 이와 같이 장사가 잘되는지를 반드시 살펴보아야 한

사진 5-41 반구정나루터집의 내부

사진 5-42 갈릴리농원의 내부

사진 5-43 반구정나루터집의 주차장

사진 5-44 갈릴리농원의 주차장

다. 장사는 결코 머릿속 생각만으로 되는 것이 아니기 때문이다. 사람들은 눈으로 보이는 것만을 믿으려고 한다. 그렇지만 세상은 눈에 보이지 않는 많은 요소에 의해 좌우되는 경우가 많다. 그런 점에서 풍수는 눈에 보이지 않는 영역 중에서도 가장 중요한 요소라고 생각한다.

두 곳은 정말로 주변 환경, 풍수적인 요소, 서비스 아이템 등이 절묘하게 어우러져 최상의 효과를 거둔 곳이라 판단된다.

제6장

풍수로 보는 도시별 특색

산은 바람을 막아주고 물은 산에서 불어오는 기운을 막아준다. 바람과 물, 그것이 바로 풍수의 핵심 요소다. 도시를 감싸고 있는 주변 산세가 높으면 고층 아파트를 건설해도 되지만, 주변 산들이 아주 낮은 야산으로 형성되어 있다면 저층 주택을 건설해 전원풍의 도시로 개발해야 한다.

천혜의 명당, 한남동

한강과 남산의 앞 글자를 따 이름 지은 한남동은 국내 굴지의 재벌가들이 거주하는 곳으로 유명하다. 삼성그룹 이건희 회장을 비롯하여 LG그룹 구본무 회장, 현대자동차 정몽구 회장, 두산중공업 박용성 회장, 금호그룹 박삼구 회장도 한남동 주민이다. 동부그룹 김준기 회장, 신세계 이명희 회장, 정용진 부회장 역시 이곳에 둥지를 틀고 있다.

한남동은 성북동과 쌍벽을 이루고 있는데, 성북동에는 현대백화점 정몽근 명예회장과 장남 정지선 회장, 차남 정교선 사장이 오랫동안 뿌리를 내려왔다. 현대산업개발 정몽구 회장과 현대해상 정몽윤 회장, 현대그룹 현정은 회장 역시 성북동 주민이다.

한남동은 남쪽으로는 한강이 환포하고 북쪽으로는 남산이 둘러싸고 있어 풍수적으로 완벽한 명당의 조건을 갖추고 있다. 한남동 서북쪽에 자리한 남산은 북쪽에서 불어오는 찬바람과 뜨거운 저녁 햇살을 막아준다. 한강은 남쪽에서 불어오는 바람을 시원하게 식혀준다. 남산 기슭에 자리 잡은 한남동은 경사가 완만해 수해를 입을 염려도 없다.

풍수지리학에서 산은 바람을 막아주고 물은 산에서 불어오는 기운을 막아준다. 한남동은 입지상으로 산의 양의 기운과 물의 음의 기운이 조화를 이루는 가장 이상적인 지형이다.

사진 6-1 한남대교에서 바라본 남산의 모습으로 부를 상징하는 무곡 금성체 형상이다.

사진 6-2 남산 자락에 자리잡은 천혜의 명당인 한남동의 모습

돈이 달려드는 형상, 여의도

여의도는 한강이 흐르면서 퇴적된 토사로 만들어진 일종의 섬이다. 풍수적 용어로는 나성羅城이라고 한다. 풍수에서는 물이 재물을 관장한다고 보는데 물, 즉 돈이 곧장 서해 바다로 빠져나가는 것을 막아주고 한 번 쉬었다 가게 하는 곳이 바로 여의도다.

그런 점에서 여의도는 아주 중요한 섬이다. 1960년대만 해도 갈대밭으로 우거져 있던 섬이지만, 현재는 눈부신 발전을 이루어 우리나라의 주요 증권사들이 입주해 있다.

사진6-3 금융사들이 모여 있는 여의도

그러면 왜 여의도에 금융사들이 몰려 있는 것일까? 물이 곧 돈이기 때문이다. 한강이 흘러가다 샛강으로 갈라지면서 한강의 물은 모두 여의도를 향해 달려들고 있다. 그것은 바로 돈이 달려드는 형국이니, 그런 곳에 돈을 이용해 돈을 버는 회사들이 찾아드는 것은 당연지사가 아니겠는가.

금융이 발전한 나라 중 대표적인 곳이 바로 영국(런던)과 미국(뉴욕)이다. 영국은 섬나라고 뉴욕의 월가는 해변가에 있다. 이것은 결코 우연이 아니다. 물과 돈은 따로 볼 수 없는 아주 밀접한 관련성을 가진 것이다.

그런데 아쉽게도 우리나라의 삼부 중 하나인 국회의사당은 문제가 많은 곳에 자리 잡고 있다. 국회의사당은 물이 빠져나가는 여의도 하부에 있는데 뒤로는 한강이 흐르고 있다. 이것은 뒷돈 거래가 많을 수밖에 없는 구조다. 정치인들끼리 다투거나 뇌물수수 혐의로 검찰에 소환되는 정치인들을 자주 보게 되는데, 이것이 풍수와 전혀 연관성이 없다고 할 수 없다.

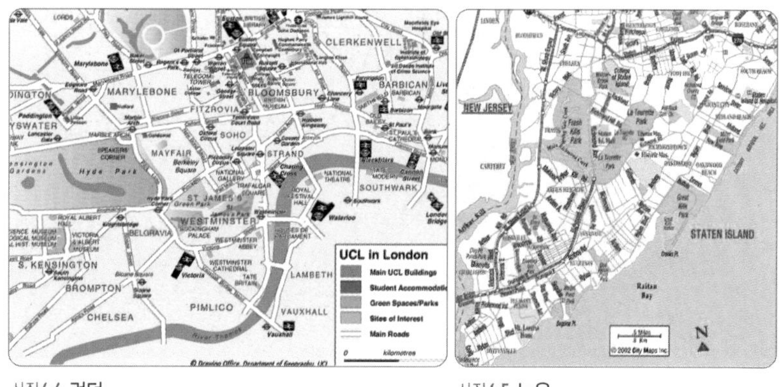

사진 6-4 런던

사진 6-5 뉴욕

사진6-6 국회의사당 뒤로 물이 흘러 빠져나간다. 뒷거래가 많은 형상이다.

국회의사당 건물의 외부는 굵은 기둥을 빙 둘러 배치하여 강한 기상을 느낄 수 있다. 내부는 체크 문양의 금성체 형상으로 디자인되었으며, 상부에 둥근 돔을 배치하여 한곳으로 기운을 모으는 형상이니 아름답기 그지없다.

이처럼 아름다운 구조물에서 국민의 대표자인 국회의원들이 뜻을 모아 국정을 논하고 나라를 이끌어 간다면 얼마나 행복한 나라가 되겠는가? 하지만 그 터가 가지는 기운을 극복하지 못하고 반목과 대립과 정쟁을 일삼는 모습은 안타깝기 그지없다. 더 좋은 곳으로 이사해 나라의 번영을 도모하길 바랄 뿐이다.

돈이 몰리는 형상, 강남역

강남역은 관악산 정상에서 출발한 용맥이 남태령을 넘어 우면산을 일으키고, 다시 예술의전당 뒷산을 거쳐 양재고등학교 뒷산을 지나 역삼역을 거쳐 흘러가는 둥그런 보국이 형성된 곳에 자리 잡고 있다. 다시 말해 강남역은 양재역 방향의 언덕, 역삼역 방향의 언덕, 교보생명 방향의 언덕에 둘러싸여 있다.

이것은 각 방향에서 물이 흘러들어 모이는 것을 의미한다. 바로 돈이 몰려드는 형국이다. 사람은 높은 곳으로 걸어 올라가는 것을 싫어한다. 사람들의 심리가 대부분 낮은 곳으로 모여드는 성향이 강하다. 이 같은 조건에 강남역이 정확하게 부합한다.

사진 6-7 고층 건물이 빼곡하게 들어선 강남역

도심에서 도로는 물을 대신하는데, 강남대로와 테헤란로에서 교대 방향으로 연결된 도로가 교차로를 형성하여 돈이 모이는 형상을 하고 있다. 또 도로변의 고층 건물은 많은 사람들이 모여들 수밖에 없는 여건을 제공한다. 거기에 가장 많은 사람들이 이용하는 지하철 2호선도 교차로와 연결되어 있다.

도로와 지하철이 어우러져 교통 요지의 조건 즉, 많은 사람들이 접근할 수 있는 모든 조건을 갖추었다. 거기에 풍수적으로 번화가가 될 수 있는 형세적인 조건을 모두 갖추었다. 근래에 입주한 삼성그룹 강남사옥은 강남역이 갖는 상징성에 더욱더 힘을 보태고 있다.

목동의 교육열

목木은 해가 떠오르는 동쪽을 의미하고, 계절적으로는 봄을 의미한다. 색깔은 녹색이나 청색으로 귀貴를 관장하고 학學을 관장한다. 따라서 목동木洞이 공부에 관심이 많고 교육열을 올리는 것은 어쩌면 당연한 일이다.

우리나라의 지명은 그냥 지어진 것이 아니다. 지형의 특징이 고스란히 반영되어 지어지기 때문에 놀라울 정도로 지역의 특색과 맞아떨어진다. 게다가 목동은 기가 매우 안정된 평지에 있어 용왕산을 주산으로 하여 안양천이 둥글게 환포하고 있다.

풍수에서 물은 재물을 관장하므로 물이 환포하는 안쪽이 부동산

사진 6-8 목동은 안양천이 환포한 곳이다.

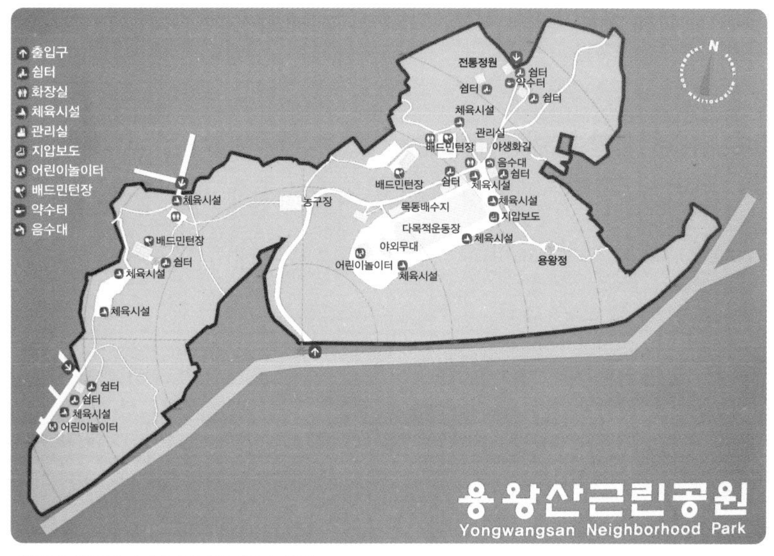

사진 6-9 안양천이 둥글게 환포하고 있다.

가격이 더 비싸기 마련인데, 목동은 그러한 풍수 조건에 하나를 더 가졌다. 바로 공부를 관장하는 '목동'이라는 지명을 가진 것이다. 우리나라처럼 교육열이 높은 나라에서 이것은 굉장한 프리미엄이다.

명당에 자리 잡은 연세대학교와 고려대학교

우리나라 사학을 대표하는 명문대에는 연세대학교와 고려대학교가 있다. 이들은 서로 선의의 경쟁을 하며 발전해 가고 있다. 고려대학교는 서울의 동쪽, 즉 청룡 자락에 있고 연세대학교는 서쪽 우백호 자락에 있다.

청룡은 남자와 권력을 상징하는데 고려대학교는 법과대학이 강세를 보이고, 연세대학교는 상과대학이 강세를 보이고 있다. 이들 대학의 본관이 있는 곳은 강한 지기를 모아 흘러온 용맥이 행룡을 멈추고 그 기운을 모아 놓은 곳에 있다. 특히 고려대학교 법과대학은 본관을 중심으로 청룡 자락에 있어 명당에 잘 배치되었다. 상과대학이 우백호 자락에 배치되면 좋았겠지만, 법과대학과 함께 청룡 자락에 있어 아쉽다.

사진 6-10 고려대학교 본관

사진 6-11 연세대학교 전경

연세대학교는 안산을 주산으로 하여 푸근하게 형성된 보국 안에 본관인 언더우드관이 있다. 이곳은 정확히 지기를 모아 놓은 곳이다. 이런 곳에 선교사들이 터를 잡고 학교를 세웠으니 서양인들의 터를 보는 안목도 대단하다.

반면 오랜 역사를 지녔음에도 일류대학의 반열에 오르지 못한 학교도 있다. 이런 학교들의 공통점은 풍수적으로 볼 때 명당에 자리 잡지 못했다는 것이다. 산에도 앞과 뒤가 있고 혈은 전면에 맺는 법인데, 이 학교들은 불행히도 산의 뒤쪽 즉 배면에 자리 잡고 있다. 게다가 가파른 경사지에 있어 아쉬움이 더한다.

신도시 개발과 풍수

수도권의 과밀 현상은 누구나 느끼는 심각한 문제다. 난개발과 조밀한 배치와 조경 면적의 부족은 우리의 건강을 심각하게 해치는 요소로 작용한다. 그러나 여전히 계속되는 주택난을 해소하려면 신도시 개발은 피할 수 없다. 상황이 이렇다 보니 주변 환경은 고려하지 않은 채 고층 아파트를 건설하고 있는 실정이다.

도시를 감싸고 있는 주변 산세가 높으면 고층 아파트를 건설해도 되지만, 주변 산들이 아주 낮은 야산으로 형성되어 있다면 저층 주

사진 6-12 산의 품안에 안겨 있는 분당 신도시

사진 6-13 산보다 아파트가 높이 솟아 있는 동탄 신도시

택을 건설해 전원풍의 도시로 개발해야 한다. 기는 바람을 만나면 흩어지게 되어 있다. 주변의 산보다 높게 솟은 아파트는 사방에서 불어오는 바람을 온몸으로 맞게 되므로 기가 흩어진다. 이런 아파트들은 겨울에 결로현상(기온 차이로 물체의 표면에 물방울이 맺히는 현상이다)으로 인하여 쾨쾨한 곰팡이 냄새가 난다. 당연히 난방비도 더 들게 되는데, 이것은 아파트 가격과도 관련성이 있다.

경기도 각 도시의 발전 가능성

풍수에서는 두 가지 점으로 도시의 크기와 발전 가능성을 가늠한다.

첫째, 산으로 둘러싸인 보국의 크기를 보고 어느 정도의 도시가 들어설 수 있는지를 알 수 있다. 산으로 푸근하게 안아준 곳이 크면 클수록 큰 도시가 들어설 수 있다. 누구나 자연의 품안에 안겨서 안정된 생활, 전원생활을 꿈꾼다. 그래서 동서양을 마론하고 도시 개발은 그런 곳에서 이루어지게 된다.

매년 큰 피해를 주고 가는 태풍을 보면서 자연의 위력을 새삼 느끼고, 자연 앞에서 한없이 나약한 인간의 모습을 보게 된다. 이처럼 자연의 힘은 엄청난 위력을 가진다. 하지만 자연환경을 제대로 활용하면 인간은 자연의 도움으로 안정적인 생활을 할 수 있다. 바람의 피해를 벗어나 자신의 안전을 지킬 수 있을 뿐만 아니라 경제적 부도 축적할 수 있다. 사람은 누구나 안정감을 주는 곳을 선호하고 기꺼이 그에 상응하는 대가를 지불하려고 한다. 이것이 바로 풍수가 추구하는 바다. 엄청난 그 무엇을 찾는 것이 풍수가 아니다. 바로 우리 일상 속에 있는 작은 것 하나에서부터 풍수는 방향을 제시한다. 그런 점에서 풍수는 창업을 하고 자신의 삶의 중요한 영역을 구성하는 공간을 어디에서 영위해갈 것인지를 선택할 때 중요한 길라잡이가 된다.

둘째, 물을 보고 도시의 크기를 결정한다. 즉 생존에 필수적인 물은 동서고금을 막론하고 중요한 요소로 다루어진다. 따라서 물의 크기, 물의 환포 여부를 살피는 것을 소홀히 할 수 없다. 물의 크기에 따라 도시의 크기가 결정된다는 것은 앞으로 발전 가능성을 점치는 중요한 근거가 된다. 큰 도시가 된다면 부동산 가격의 상승은 불을 보듯이 뻔하기 때문이다.

이렇게 중요함에도 불구하고 풍수를 홀대한다. 풍수는 나하고 관계가 없다고 생각하기 때문이다. 현대 도시들이 하는 고민 중에 하나가 바로 물과 바람의 조화를 어떻게 합리적으로 해결할 것인지이다. 여기에서 말하는 바람과 물, 그것이 바로 풍수의 핵심 요소다. 많은 도시 관련 이론서들의 주장을 종합해 보면 결국에는 바람과 물을 어떻게 합리적으로 조화시킬 것인지로 귀결되고 있다. 풍수를 마치 미신처럼 여기는 풍토는 빨리 사라져야만 한다. 풍수는 우리가 가진 최고의 노하우다. 서양인들도 풍수를 배우기 위해 많은 노력을 기울이고 있다. 우리가 가진 노하우는 세계적인 것이다.

위에서 말한 풍수적인 관점을 이용해 경기도 각 도시의 발전 규모를 가장 합리적으로 유추해 볼 수 있다. 특히 난개발로 대표되는 도시들의 문제는 앞으로 후세에게 큰 부담으로 다가올 것이다. 신도시를 계획하고 건설하는 정부 관계자들이 관심 있게 지켜봐야 할 부분이다.

도시의 크기는 산세가 품어 안을 수 있는 능력에 따라 대도시 혹은 중소도시로 결정된다. 그런 점에서 고지도는 아주 유익한 정보를 제공하고 있다. 고지도상으로 봤을 때 아주 작은 도시 정도가 적당한데도 난개발로 온 산천을 뭉개놓는 경우가 있다. 그런 곳은 교통 문제를 야기할 뿐 아니라 주민들에게 안락한 공간을 제공하는 데도 한계가 있다.

개성

개성은 고려 500년의 도읍지다. 주변 산들이 둥글게 환포하여 아름다운 보국을 만든 곳으로 명당이다. 고지도에서 보는 것처럼 둥글게 환포하여 아름다운 보국을 만들고 있으나, 첩첩이 둘러싼 산들 때문에 넓은 평지를 이루지 못해 보국 자체가 작다. 그래서 큰 도시가 들어서기에는 한계가 있어 보인다. 그러나 인구 100만 명 정도의 편안한 도시로는 비할 바 없이 훌륭한 조건을 갖추고 있다.

그림 6-1 개성의 고지도. 큰 보국은 아니지만 아름다운 보국을 형성하고 있다.

수원

수원은 정조가 아버지 사도세자의 능을 이장하고 새로운 수도로 건설한 곳이다. 수원은 지명에서 알 수 있는 것처럼 물이 풍부하고 주변 산세와 조화를 이룬 농업 중심 도시였다. 광교산을 주산으로 삼아 형성된 수원은 큰 보국을 가진 도시로 발전 가능성이 매우 큰 도시다. 따라서 수원은 지금과 같은 대도시로 성장할 만한 충분한 지형 조건을 가지고 있다.

그림 6-2 수원의 고지도. 수원은 기존 도심지를 중심으로 도시를 구성했으나, 그 주변으로 더 큰 도시가 들어설 수 있는 충분한 보국을 가진 도시다.

인천

인천은 우리나라에서 부산 다음가는 항구도시다. 인천은 병풍처럼 첩첩히 감싼 산들을 배경으로 바닷가에 편안한 보국을 형성한 곳에 있다. 그러나 지도에서 보는 것처럼 보국 자체가 크지 않아 지금 같은 대도시를 품에 안기에는 벅차 보인다. 결국 인천은 자연 형세를 거슬러 과도하게 큰 도시를 형성하고 있는 것이다. 이런 이유로 인천이 수도권의 대도시 기능을 수행하지 못하고, 상대적으로 저평가되는 것이 아닌가 하는 아쉬움이 남는다.

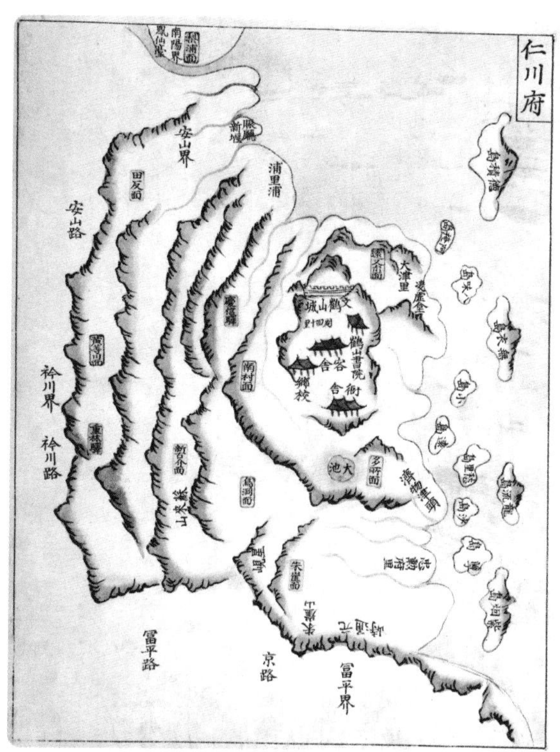

그림 6-3 인천의 고지도. 인천은 바닷가에 아담한 보국을 형성한 도시로 지금 같은 대도시로 개발되지 않았다면 아름다운 항구도시가 되었을 것이다.

부평

부평은 인천과 서울 사이에 건설된 도시다. 옛 지도상의 부평은 현재의 인천과 상당 부분 겹쳐 있는데, 매우 큰 보국을 이루고 있어 대도시가 들어설 수 있는 충분한 지형 조건을 갖추고 있다. 어느 곳 하나 부족한 곳 없이 아름답게 환포한 형세와 물길이 조화를 이루어 안정된 지형 조건을 가진 곳이다. 현재 부평역 주변의 상권이 이러한 지형 조건과 무관하다고 보기 어려우며, 중동 신도시와 상동 신도시도 아주 좋은 조건을 갖춘 도시라 판단된다.

그림 6-4 부평의 고지도. 부평역을 중심으로 한 상권과 중동 신도시, 상동 신도시는 매우 훌륭한 지세를 바탕으로 건설되었다.

용인

수도권에서 난개발로 가장 유명한 곳이 용인이다. 급작스런 도시 개발로 몸살을 앓고 있는 곳인데 다 그럴 만한 이유가 있다. 고지도에서 보는 것처럼 용인은 지금 같은 대도시가 들어설 만한 지형을 갖춘 곳이 아니다. 그런데 서울에서 가깝다는 이유만으로 무자비하게 개발하여 신도시가 형성되었고, 그에 따른 부작용이 여러 곳에서 나타나고 있다.

그림 6-5 용인의 고지도. 100만 명 정도가 살 수 있는 도시가 들어설 지형 조건인데도 지나치게 개발되었다.

고양

고양은 일산 신도시를 필두로 화정, 행신, 삼송 등의 신도시를 잇달아 개발하고 있다. 그러나 고지도에서 보는 것처럼 산세가 모여들기보다는 각각 다른 곳으로 흩어지고 있어 약간은 산만한 느낌이 든다. 이것은 바로 큰 도시를 품안에 안을 수 없다는 뜻이기도 하다. 구시가지를 중심으로 50만 명 정도의 인구가 들어서는 도시라면 간신히 끌어안을 수 있는 형세다. 무리한 도시 개발은 오히려 부작용을 초래할 뿐이다.

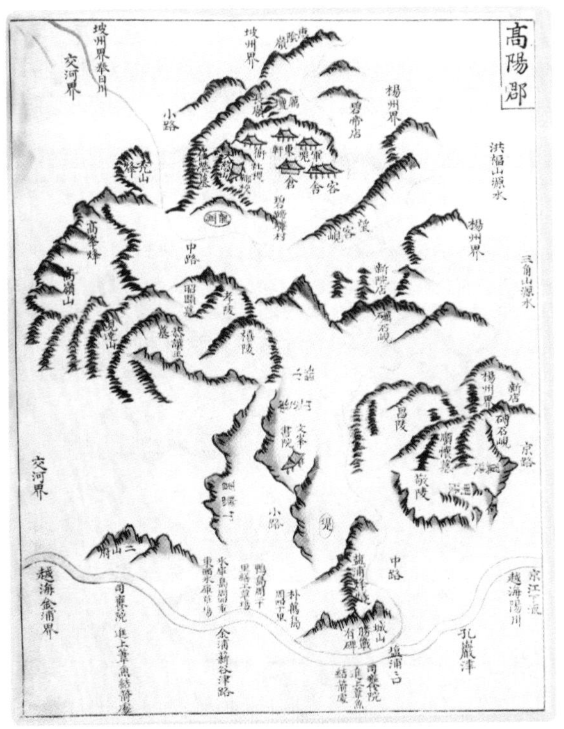

그림 6-6 고양의 고지도. 산만한 지형 조건으로 대도시가 들어서기에는 무리가 따른다. 저층의 전원도시로 개발하면 난개발의 부작용을 최소화할 수 있을 것이다.

파주

남북 간의 화해 분위기가 조성되면서 가장 큰 혜택을 본 도시가 바로 파주다. 통일이 되면 파주는 서울과 북쪽을 연결하는 가장 중요한 도시가 된다. 조선시대 광해군 때 교하로 수도를 옮기자는 천도론이 제기된 적이 있고, 근래에도 서울대학교 최창조 전 교수에 의해 교하가 다시 주목받기도 했다. 파주는 산과 물이 조화를 이루어 사람이 살기에 좋은 조건을 갖추고 있다. 그러나 보국이 크지 못하고 주변의 산들이 낮아 저층의 전원도시로 개발하는 것이 바람직하다. 그렇게 된다면 상당히 아름다운 전원도시가 될 것이다.

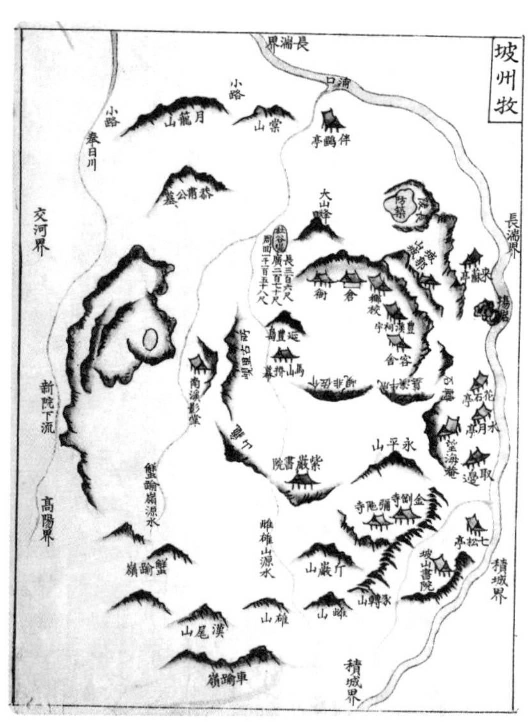

그림 6-7 파주의 고지도. 아담한 산세와 물길이 조화를 이루고 있다.

이천

이천은 산들이 꽃잎 같은 모양으로 둘러싸고 있는 보국을 자랑하고 있다. 크지는 않지만 겹겹이 둘러싸인 보국은 매우 건실한 도시가 들어설 수 있는 지형 조건임을 말해 주고 있다. 아주 높은 고층으로 개발해도 무리가 없는 산세 조건을 가지고 있다. 앞으로 전철이 개통되면 상당히 주목받을 만한 곳이다.

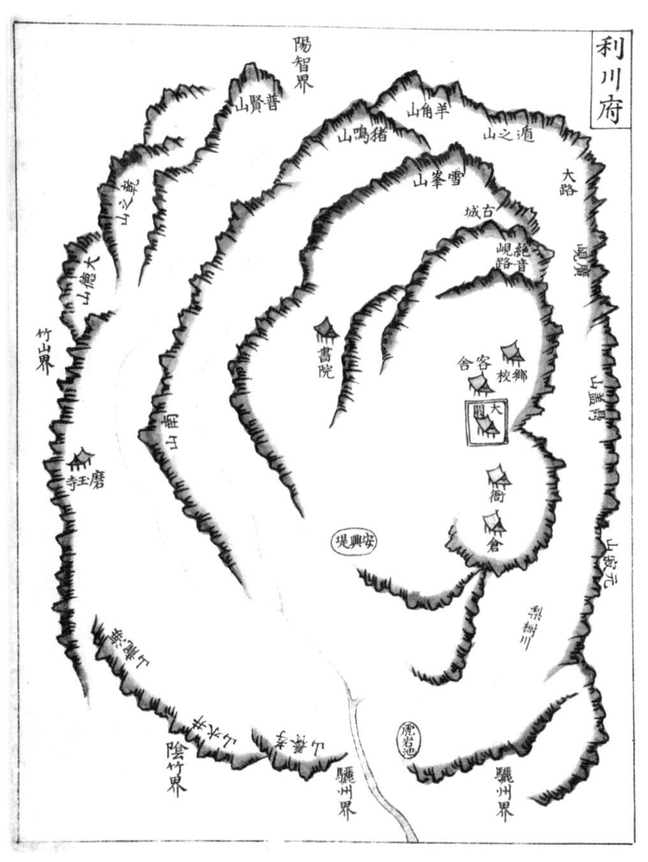

그림 6-8 이천의 고지도. 꽃잎같이 여러 겹으로 환포한 산과 물길이 조화를 이루고 있다.

김포

평야 지대로 유명한 김포는 서울에서 가깝고 교통이 편리해 신도시로 각광받고 있다. 그러나 고지도에서 알 수 있는 것처럼 산들이 각각 따로 놀고 있어 아주 큰 도시가 들어설 만한 지형 조건을 가지지는 못했다. 현재 개발되는 정도의 중소도시가 여러 개 들어설 만한 조건을 갖추었을 뿐이다. 평지라 안정된 지기를 바탕으로 하는 목가적인 분위기의 전원도시가 어울릴 만한 곳이다.

그림 6-9 김포의 고지도. 보국이 크게 형성된 곳이 없다. 큰 도시보다는 작은 도시로 개발하는 것이 좋다.

포천

포천은 좌청룡과 우백호가 양쪽으로 아주 큰 보국을 형성하고 있어 매우 큰 도시가 들어설 수 있는 형세를 갖추고 있다. 가장 핵심적인 곳은 가운데 부분의 작은 보국이지만 워낙 크게 보국을 갖추고 있어 상당한 발전 가능성을 가지고 있다. 좌청룡과 우백호가 서로 조화를 이루고 있으니 인물과 재물, 남자와 여자가 서로 균형을 이루는 곳이다.

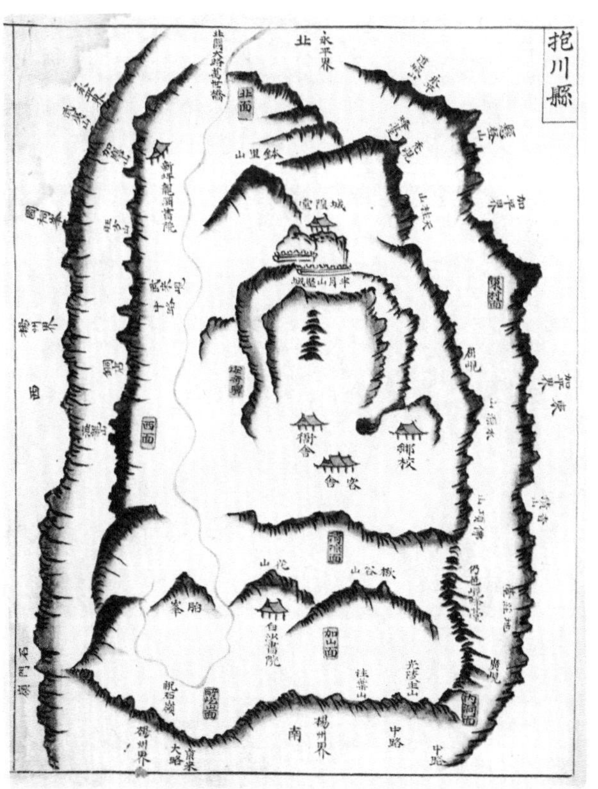

그림 6-10 포천의 고지도. 보국이 매우 커서 크게 발전할 수 있는 곳이다. 도시 전체가 한 보국 안에 건설된 경우로 다시 보기 어려운 곳이다.

시흥

금천은 현재의 시흥을 말한다. 보국이 마치 장미꽃처럼 겹겹이 감싸고 있어 아주 아름다운 형국이다. 물도 모여서 한곳으로 빠져나가니 재물도 풍부한 형국이다. 도시 전체가 보국으로 이루어져 매우 크고 안정적인 도시가 들어설 수 있다. 이런 곳은 상업성도 충분히 갖추고 있어 장사도 아주 잘된다.

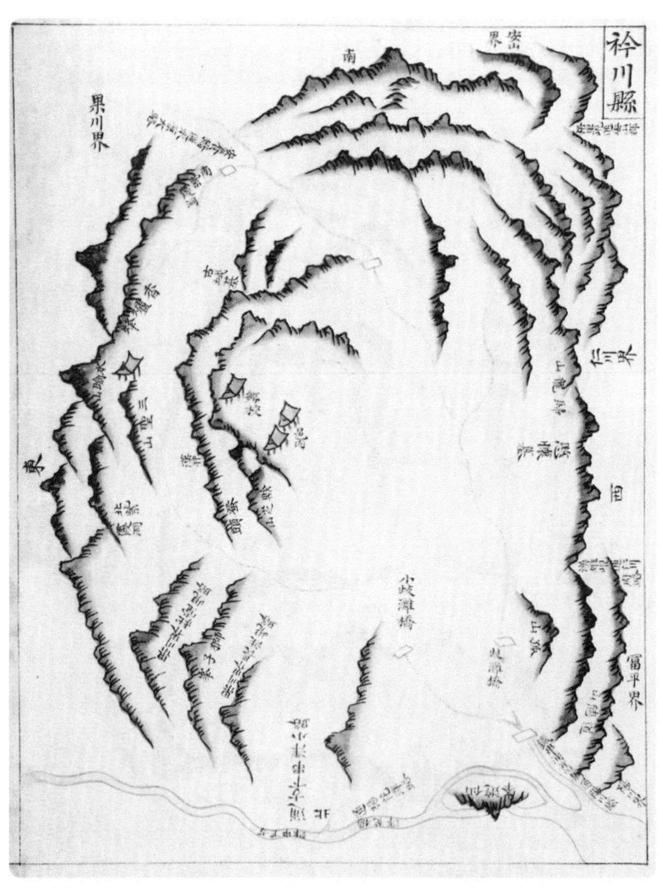

그림 6-11 시흥의 고지도. 보국이 꽃잎처럼 아주 아름다운 형세를 하고 있다.

제7장

새로운 패러다임이 필요하다

시대 상황에 따라 새로운 소비 형태가 나타나게 마련이다. 새로운 소비 주체로 등장한 20대들이 모여들 수 있는 아이템과 문화가 있어야 한다. 젊은이들의 문화가 형성되는 곳이 21세기의 새로운 트렌드를 창조할 수 있기 때문이다.

풍수의 새로운 패러다임

21세기에는 새로운 패러다임을 바탕으로 한 창업이 필요하다. 구태의연한 생각으로는 절대 성공할 수 없다. 21세기에는 계층에 따라 다양한 문화를 형성하게 되고 소비 형태도 다양한 방식으로 이루어질 것이다. 획기적인 아이디어와 발상만이 살아남을 수 있는 것이다.

동양사상의 장점과 서양문화의 장점을 결합하면 퓨전 형식의 전혀 색다른 형태이자 자기만의 개성을 가진 사업장을 만들어 낼 수 있다. 간판과 인테리어와 메뉴 등에서도 새로운 패러다임의 도입만이 성공의 지름길이 된다. 또 권리금에 대해서도 새로운 마인드로 접근하고, 망한 점포라 할지라도 면밀히 검토한 뒤에 활성화 방안을 찾아야 한다.

사진7-1 21세기에는 다양한 소비 형태를 만족시킬 수 있는 퓨전 형식의 사업장이 성공한다.

입지에 맞는 업종을 선택한다

풍수적인 관점에서 볼 때 상당히 좋은 입지 조건의 점포를 가지고 있으면서도 업종 선택의 부적정성으로 실패하는 사례를 보게 되는데 안타깝기 그지없다. 망한 점포에 새로운 업종이 들어와서 대박나는 경우가 있는데, 업종 선택이 그만큼 중요하다.

풍수 강의를 하다보면 아무개 가게에 A가 들어왔을 때는 잘 안 되었으나 B가 들어오고 나서부터는 장사가 엄청 잘되는 경우가 있다. 풍수가 무슨 관계 있느냐 혹은 풍수와 아무 관계가 없는 것 아니냐고 질문하는 사람들이 있는데, 이런 분들은 업종 선택의 중요성을 간과한 경우라고 생각한다. 각 입지의 점포는 딱 맞는 임자를 기다리고 있는 법이다. 그럼, 내게 맞는 점포를 제대로 찾아보자.

가장 잘 아는 곳을 선택한다

창업을 할 때에는 자기가 가장 잘 아는 분야를 선택하라고 한다. 마찬가지로 점포도 자기가 가장 잘 아는 지역을 선택해야 한다. 왜 그러냐 하면 아는 만큼 보이는 법이기 때문이다. 이미 그곳을 이용하는 주 고객층과 사람들이 몰려드는 곳과 주로 이동하는 방향 등등을 세세히 알고 있기 때문이다.

그러니 자연히 그곳에 가장 잘 어울리는 업종과 점포, 즉 고객들이 원하는 업종이 무엇인지 가장 잘 파악하고 있기 때문이다. 또 한 번 창업하면 그곳에서 짧게는 몇 달, 길게는 몇 년, 아니 평생을 장사하게 될 텐데 장래의 변화에도 관심을 가지고 대처하는 것이 유리하지 않겠는가?

아이템과 잘 맞는 곳을 선택한다

무조건 대로변이나 코너 점포만이 좋은 점포가 아니다. 점포의 이미지와 아이템이 궁합이 맞는 점포가 바로 명당인 것이다. 따라서 창업을 하기 전에 자신이 창업할 아이템과 점포의 궁합을 사전에 면밀히 검토해야 한다.

실패한 사람들 대부분은 이러한 검토가 부족하다. 부동산에서 추천해 주니까 주위 사람들이 잘된다고 하니까 사전 조사 없이 무턱대고 창업하면 실패할 확률이 그만큼 높다. 그리고 가장 중요한 것은 자신의 경제적 능력과 아이템에 타당한 점포 발굴을 위해 부지런히 뛰는 것이다.

주 5일제는 영업시간의 변화를 가져온다

이미 주 5일제가 정착되면서 사무실 밀집 지역은 주말에는 사람의 왕래가 없어 주 5일 영업만 하고 있는 실정이다. 반대로 외곽 지역의 음식점들은 주말에 손님들이 밀려들어 도심과는 반대 현상이 나타나고 있다. 이처럼 시대 상황에 따라 새로운 소비 형태가 나타나게 마련이다. 예전에는 사무실 밀집 지역이 우수한 상권으로 분류되었지만, 최근에는 영업 일수의 변화로 주거 밀집 지역이 더욱 각광받고 있다. 따라서 영업 일수의 변화에 따른 면밀한 상권 분석 검토도 중요한 항목 중에 하나다. 사전에 철저히 계획을 세우고 창업하는 것이 중요한 이유는 대비 없이 닥친 어려움은 실패할 확률이 그만큼 높기 때문이다.

권리금을 두려워하자

충분한 검토 없이 부동산 말만 믿고 많은 권리금을 주고 들어갔다가 크게 손해 보는 사람을 종종 보게 되는데, 이를 막기 위해서는 사전조사가 철저하게 이루어져야 한다. 권리금은 망하게 되면 어디에서도 찾을 수 없는 돈이다. 필자도 잠시 부동산을 경영해 본 경험이 있다. 아는 분이 좋다고 하여 덜컥 거금의 권리금을 주고 들어갔다. 하지만 월세 부담도 만만치 않았다. 이때 이론과 현실은 다르다는 것을 실감했다. 그런 경험을 바탕으로 장사 잘되는 집의 비밀을 풍수적 관점에서 알리고, 창업자들이 필자와 같은 실수를 저지르지 않도록 하기 위해 이 책을 쓰게 되었다. 정말 깊은 반성을 바탕으로 쓴 것이다.

그렇지만 두려움에만 빠져 있으면 성공은 어디에도 없다. 부딪쳐야 성공의 열매를 찾을 수 있다. 권리금은 남이 만들어 놓은 상권에 대한 대가를 지불하는 것이다. 처음 창업하는 초보자들은 권리금이 적은 곳을 찾아다니는데 저렴한 곳은 그 나름의 이유가 존재한다.

가시적인 효과를 바란다면 대가를 치러야 한다. 아니면 장기적인 관점에서 상권이 새롭게 부각될 수 있는 곳을 선점해 보는 것도 좋은 방법이다. 높은 권리금은 선배들의 노력으로 만들어진 상권에 대한 대가라고 인정하고, 더욱 발전시켜 더 큰 권리금으로 보상받자.

망한 점포 자리에도 길지가 있다

망한 점포는 대부분 풍수적인 관점에서 볼 때 흉지에 있는 경우가 많다. 하지만 모두 그런 것은 아니다. 의외로 정말 좋은 길지에 있는 경우도 있지만 제대로 된 주인을 만나지 못해 흙속에 진주로 남아 있는 경우가 있다. 누구나 이와 같은 흙속의 진주의 주인이 될 수 있다. 발품을 들이고 훌륭한 풍수 컨설턴트에게 자문을 하면 가능한 일이다.

여러 사례들을 봐왔지만 강남구 논현동에 있는 모 순두부집의 예를 들어보겠다. 이곳은 주변에 사무실 건물이 많아서 많은 샐러리맨들이 점심시간이면 엄청 몰려나오는데, 그들에게 순두부는 싸고 쉽게 접근할 수 있는 아이템으로 아주 훌륭한 메뉴였던 것이다. 그래서 아주 대박이 났는데 점심시간에는 줄을 서야만 밥을 먹을 수 있을 정도다. 하지만 이곳도 망해서 나간 점포였으니 그곳의 주인은 따로 있었던 것이다. 그 자리에 맞는 제대로 된 아이템과 아이디어가 필요하다.

꼼꼼한 시장조사는 준비된 창업자를 만든다

창업을 위해서는 상권 분석, 입지 선정, 시장조사는 필수다. 그 입지에서 장사가 잘될 것인지 아닌지를 판단하는 것이 시장조사다. 따라서 시장조사는 점포의 규모와 상관없이 반드시 실시해야만 하는 것이다. 그러나 아주 작은 점포나 10평 정도의 경우라면 요란스럽거나 복잡하게 생각할 필요는 없다.

대부분의 창업자들이 '카더라 통신'에 상당히 목을 맨다. 운 좋은 사람들은 그렇게 대충한 시장조사 덕에 드물게 성공하는 경우도 있다. 하지만 세상이 어디 그렇게 만만한가. 조사하고 준비한 자들은 바보라서 시간과 돈을 낭비한 것이 아니다. 준비한 자에게 복은 돌아오는 법이다.

TV프로그램 중에 대박집과 쪽박집이라는 프로를 방영한 적이 있다. 쪽박집들은 전혀 준비되지 않은 사람들이 창업부터 하고 어려움에 빠진 경우다. 업종, 점포 입지, 요리에 대한 기본 지식, 해당 업종에 대한 경험이 전무한 상태에서 창업부터 하고 낭패보는 것을 보게 되는데 정말 큰일난다.

창업은 현실이고 가족의 생계가 걸린 대단히 중요한 활동이다. 한 번 더 돌아보고 연구하고 조사하자. 당신이 성공하도록 그 누구도 도와주지 않는다. 준비하는 자만이 성공한다. 그리고 전문가를 적극 활용하도록 하자.

인지도가 높은 유명 프랜차이즈 체인점일수록 상당히 세밀히 시장조사를 실시한다. 그것은 수준에 맞는 점포 선정을 위한 당연한 수순이라 생각된다. 그렇지만 유명 프랜차이즈 체인점이 적정 입지라 판단했더라도 지명도나 브랜드 파워가 없는 점포가 그곳에서 개점해서 성공한다고 장담할 수 없다. 그러므로 준비된 창업자는 꼼꼼한 시장 조사를 반드시 실시한다.

경쟁 점포에 대한 조사는 필수다

통행량에 초점을 맞추고 점포 입지에 대한 검토를 실시한 뒤에는 경쟁 점포에 대한 검토도 필수적으로 실시해야 한다. 경쟁 점포에 대한 장·단점을 파악하여 장점은 적극 취하고 단점은 보완하여 자신만의 장점으로 바꿔가는 노력이 필요하다. 내가 나아가야 할 방향을 설정하는 바로미터가 바로 경쟁 점포이기 때문이다.

세상에는 대박집도 쪽박집도 존재한다. 대박집은 그들 나름의 특징과 장점을 가지고 있기 마련이고 쪽박집도 그럴 만한 이유가 반드시 있다. 대박집의 장점을 적극 활용하고 단점을 보완해 간다면 더욱 더 번성할 수 있는 자신만의 노하우를 쌓을 수 있을 것이다.

여러 번의 실패 끝에 성공하는 이유가 바로 여기에 있는 것이다. 쪽박집은 자신의 장점과 단점을 제대로 파악하지 못한 것이다. 대박집의 경쟁 점포는 일일이 체크리스트를 만들어 철저하게 손님 입장에서 점검해야 한다.

유사한 업종이 몰려 있는 먹자골목과 같은 경우에는 경쟁 점포가 서로 손해를 주는 존재가 아닌 굉장한 장점으로 작용하기도 한다. 모여 있으면 경쟁 점포가 많아져서 장사하기 어렵다고 생각하는 통념을 깨고 오히려 성공한 경우가 많은데 이것도 새로운 패러다임의 결과라고 생각한다.

대표적인 먹자골목인 무교동 낙지 골목, 신당동 떡볶이 골목, 신림동 순대 골목 등을 비롯하여 동대문의 패션거리, 청계천을 중심으로 한 자동차 부품점 등은 굉장히 유명하다. 같은 업종이 모여서 오히려 각각 독특한 특징으로 다양한 서비스를 제공하면서 날로 번성하고

사진7-2 건대입구 먹자골목

사진7-3 동대문의 두타빌딩

있는데 이것이 바로 경쟁 점포를 자신의 발전으로 이끈 대표적인 사례다.

상권의 주 고객층을 파악한다

각 상권마다 특징이 있기 마련이다. 서울 상권의 대표주자라 할 수 있는 명동 상권이 패션과 유행을 리드하는 상권이라면, 대학로는 연극이라는 문화산업으로 상권을 형성하고 있고, 홍대는 젊은이들의 취향에 부합하는 클럽문화를 선도하며 상권을 형성하고 있다. 이와 같이 각 상권의 특성과 문화에 맞는 주 고객층이 존재한다.

주 고객층이 젊은층이냐 주부층이냐에 따라, 지역이 오피스 밀집 지역이냐 교통 요지냐 등에 따라 각 상권의 특성이 결정되고, 그에 맞는 업종과 마케팅 포인트가 결정되기 때문에 이는 가장 중요한 요소다. 그리고 해당 상권에서 특징에 맞는 입지 선정과 인테리어 연구도 필요하다.

간판이 점포의 얼굴이다

간판이 패션화하는 경향을 띠고 있고 업종의 특성을 한눈에 파악할 수 있도록 단순 명쾌해지고 있다. 업종의 특성에 맞는 색깔과 크기와 자신만의 개성을 나타낼 수 있는 간판 선택은 사업 성공의 첫걸음이다. 누구나 호감을 가진 점포에 들어가고자 할 것이다. 수많은 간판들 속에서도 특징 있고 정확한 메시지를 전달해 주는 점포에 들어가고 싶은 것은 당연지사가 아닐까?

사진7-4 독특한 문구와 특징이 돋보이는 간판

점포 입구의 연출은 성공을 좌우한다

초보 창업자들이 주로 프랜차이즈 체인점을 선호하는데 이유는 간단하다. 복잡하고 어려운 시장조사, 인테리어, 기타 여러 복잡한 문제를 일괄 해결할 수 있기 때문이다. 거기에 일정한 수익까지 보장을 받기 때문에 손쉬운 면이 있는 것이 사실이다.

하지만 그에 따른 여러 어려움이 있다. 프랜차이즈 본사의 수많은 요구를 수용해야만 한다. 몇 년마다 인테리어를 바꿔야 하는 등 상당한 목돈이 지출된다. 그 부담이 만만치 않을 뿐만 아니라 자신만의 독특한 취향을 표출하지 못하는 단점이 있다.

사진7-5 잘 정돈되어 있는 유명 프랜차이즈의 체인점 입구

톡톡 튀는 아이디어를 바탕으로 상당히 독특한 외관과 간판으로 자신만의 개성을 맘껏 뽐내고 있는 점포들을 종종 보게 되는데, 상당히 고무적이다. 자신만의 독특함이 새로운 특징이 되어 사람들에게 호소할 수 있다는 자신감을 갖고 자신만의 캐릭터로 발전시키려는 생각도 필요하다. 하지만 건물주와의 양해 사항도 있을 테니 사전에 충분한 검토와 상의가 필요하다.

사진7-6 독특한 특징을 연출한 점포 입구

좋은 입지는 발품으로 만난다

장사는 목이다. 목은 다른 말로 하면 입지다. 그런데 좋은 입지는 하늘에서 뚝 하고 떨어지지 않는다. 발품이 훌륭한 입지를 만나게 해준다. 숨은 진주는 어디에나 있지만 게으른 사람에게 떨어지는 감은 없다. 노력하는 자에게 주어지는 특권인 것이니 노력하고 또 노력해보자. 거기에 풍수적인 안목까지 가진다면 더할 나위 없이 훌륭한 입지의 점포를 만나게 될 것이다.

상권의 범위는 커야 좋다

일반적으로 사람들은 특별한 경우를 제외하고 자신이 있는 구역을 벗어나서 크게 이동하는 것을 싫어한다. 즉 자신의 구역 안에서 소비활동을 하려는 경향이 강하다. 그 때문에 상권의 범위를 그 구역의 범위라 해도 크게 틀리지 않는다.

그 구역 안의 소비 인구가 많은지 적은지에 따라서 상권의 범위와 상권의 정도를 알 수 있다. 추운 겨울이나 더운 여름에 이와 같은 성향이 더 뚜렷하게 나타난다. 상권의 범위를 검토하고 조사하는 것은 업종과 업태 선정의 중요한 판단기준이 되기 때문이며, 점포를 이용하는 고객의 구매 빈도와도 밀접한 관련성을 가지기 때문이다.

유동인구와 점포 흡입률을 파악한다

유동인구를 파악하는 것은 상권 분석의 기본적인 요소 중 하나다. 길을 걷다보면 혼자 앉아서 지나가는 사람을 파악하는 사람을 볼 때가 있다. 대부분이 아르바이트 학생들이지만, 그들은 중요한 사항을 파악하고 있는 것이다.

일반적으로 대중적인 메뉴를 가진 경우 점포 흡입률을 0.8퍼센트 정도로 파악하고 있다. 즉 1,000명의 유동인구가 있다면 점포에 들어오는 인구는 8명 정도가 된다는 분석이다. 자기 점포의 메뉴 가격과 점포 수익률, 흡입률의 관계를 예상해 보면 적정한 권리금과 임대료 등을 역으로 산출해 볼 수 있다. 또 사업의 타당성도 살펴볼 수 있는 중요한 잣대가 되어 줄 것이다.

점포 매매계약은 신중하게 한다

한 번 계약서에 도장을 찍으면 그 책임은 전적으로 자신에게 있다. 하나하나 자세히 살펴보고 확인해야 한다. 우선 점포주와 임대주의 신원을 정확하게 파악하고 당사자 간에 계약이 체결될 수 있도록 한다. 점포를 소개한 중개업자나 계약서 작성에 참여한 입회인의 신원도 확인해야 한다. 점포 매매계약도 부동산 관련 법률 행위이므로 반드시 주의가 필요하다.

점포에 관해서도 건물과 토지의 등기부등본, 건축물 대장, 토지이용계획 확인원 등을 반드시 확인해야 한다. 먼저 건물과 토지의 등기부등본을 등기소에서 발부받아 임대 건물의 채무관계와 권리관계를 확인한다. 근저당이 많이 설정되어 있거나 가등기, 가처분 신청 등이 잡혀 있는지를 알아보아야 한다. 건축물 대장을 통해서 건축물의 구조와 건축 양식, 용도, 면적 등을 확인하고 정화조나 건물의 설비 내용도 파악한다. 또한 도시이용계획 확인원을 통해서 상권과 입지의 변화를 예측해 보고 건물의 철거 가능 여부도 조사해야 한다. 마지막

등기부 등본 (유효사항)

사진7-7 등기부등본

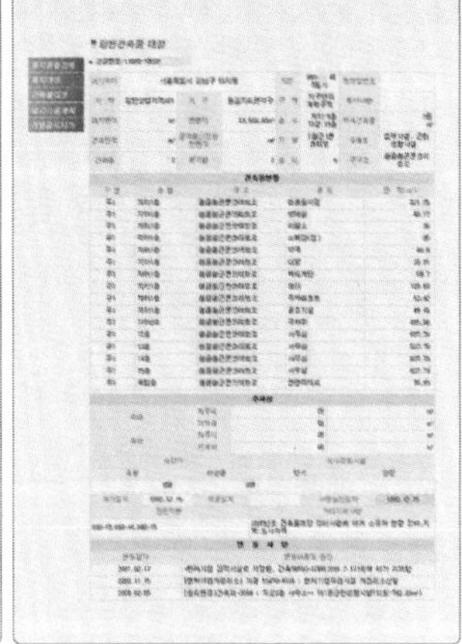

사진7-8 건축물 대장

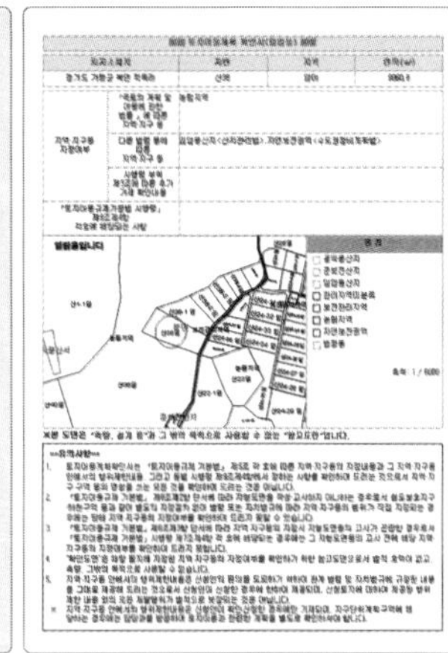

사진7-9 토지이용계획 확인원

으로 계약서에 도장을 찍기 전에 계약서 내용을 다시금 꼼꼼하게 읽고 확인해야 한다.

점포의 상권 분석은 왜 필요한가?

현대 사회의 새로운 상권

21세기에는 사람이 곧 돈이다. 사람이 모여드는 곳에 돈이 몰려드는 것이다. 그렇다면 어찌해야 사람들이 모여들까? 바로 편리한 교통수단과 사람들을 끌어당기는 아이템과 문화가 있어야 하는데, 지하철은 굉장히 훌륭한 역할을 담당한다. 환승역이면 더욱더 좋겠다. 그리고 새로운 소비 주체로 등장한 20대들이 모여들 수 있는 아이템과 문화가 있어야 한다. 두 가지 조건을 충족한 곳이 바로 강남역과 홍대입구와 대학로다. 바로 젊은이들의 문화가 형성되는 곳이 21세기의 새로운 트렌드를 창조할 수 있기 때문이다.

홍대입구는 완벽히 젊음이 넘치는 거리로 자리를 잡았다. 이곳이 뜨게 된 여러 원인 중 하나는 홍익대학교가 미술 분야에서 단연 선두를 달리는 특성이 한몫했다고 본다. 여성적인 경향의 트렌드가 유행할 거라는 하원갑자 해인 것도 한몫한다고 생각한다. 또 화려하고 열정적인 젊음을 만끽할 수 있는 새로운 문화와 홍대 상권이 절묘한 조화를 이루었다고 생각한다.

풍수적인 관점에서 보면, 이곳은 마치 파리의 몽마르트르 언덕과 같은 작은 언덕이 만든 푸근한 품안에 자리 잡아 사람들이 편안하고 부담 없이 다가갈 수 있는 조건을 가진 곳이라 할 수 있다. 2호선 홍대입구역과 6호선 상수역은 접근성을 한층 증가시키면서 폭발적으로 젊은이들을 끌어 모은다.

이와 비슷한 조건을 갖추어 부상한 곳이 바로 건대입구역 상권이다. 이곳은 분위기가 홍대와는 다르지만 상당한 상권이 형성되었다.

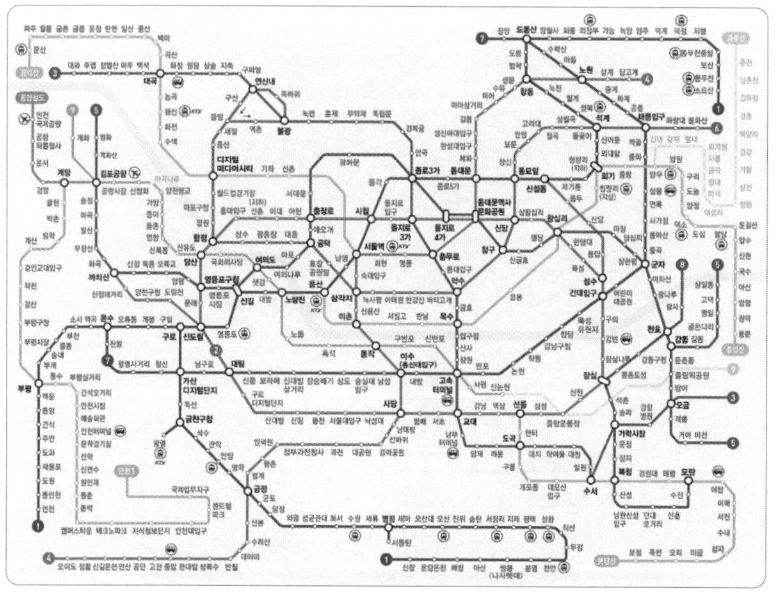

사진7-10 서울 지하철 노선도

사진 7-11 홍대 상권

사진 7-12 동대문 상권

지하철 환승역이라는 새로운 교통수단 덕분이다. 또 한곳이 패션과 함께 새롭게 부각된 동대문의 패션거리로 2호선과 4호선과 5호선의 환승역이 생기면서 상권에 불을 붙였다.

교통 체증이 극심한 도심지에서 전철은 새로운 상권을 창출하여 돈을 만들어 내는 매우 중요한 수단으로 등장한 것이다. 따라서 지하철이 바로 현대사회에서는 새로운 돈맥의 창조자인 것이다.

강북의 대표적 대학가 상권, 홍대입구

서울 시내 대표적인 상권 중 새롭게 떠오른 곳이 바로 홍대 상권이다. 젊은이들을 중심으로 하여 클럽과 라이브 문화가 유행을 주도하는 대표적인 상권이라 할 만하다.

지하철 2호선 홍대입구역과 6호선 상수역이 상권의 교통을 책임지는 구조로 상당히 탄력을 받을 수 있는 조건을 가졌다고 할 수 있다. 좁은 골목길이 길게 사통팔달로 이어져 있어 다양한 업종의 입주가 가능한 구조다. 그리고 걸어다니면서 찾아다니는 즐거움도 있다는 장점이 있다. 마치 프랑스 파리의 몽마르트르 언덕처럼 언덕과 평지가 적당한 조화를 이루고 있다. 그야말로 젊은이들의 취향과 잘 맞아떨어지는 입지 조건을 가졌다.

이 상권의 특징은 홍익대학교 미술대학을 중심으로 한 예술 분야의 장점과 상권이 서로 어우러져 독특한 문화를 창조해 젊은층의 유행을 주도한다는 점이다. 문화의 거리라는 이름이 무색하지 않을 만큼 다양하고 화려한 문화가 바탕을 이루고 있어 가히 유행의 선두주자라 할 만하다.

사진7-13 길거리 라이브 문화 공연에 몰려든 젊은이들

사진7-14 다양한 업종이 줄줄이 늘어서 있다

사진7-15 골목골목 찾아다니는 즐거움도 있는 홍대 상권

강북의 대표적인 대학가 상권으로 확고히 자리매김해 온 홍대 상권은 기타 대학 상권과는 다른 복합성이 존재한다. 유흥의 성격이 강한 신촌, 건대 상권, 패션과 의류 중심의 이대 상권을 혼합해 놓은 듯한 모습을 하고 있다.

서울 동부의 떠오르는 상권, 건대 상권

건대입구역 상권은 2호선 건대입구역과 7호선 환승역과 청담대교의 개통으로 새로운 교통의 요지가 되면서 강남과 강북을 잇는 신흥 요충지로 급부상하여 명실상부한 환승역세권 상권으로 자리매김하고 있다.

예전에 번성했던 화양리 상권의 퇴조와 함께 새롭게 동부권 상권의 중심으로 등장한 건대입구역 상권은 빠른 속도로 발전하고 있다. 최근에는 백화점 등이 새롭게 건설되고 주변이 말끔히 정리되었는데, 이 역시 발전의 동력으로 작용하고 있다.

이것으로 우리는 중요한 사실을 알 수 있다. 교통 요지는 새로운 상권을 만들어 낼 수 있는 원동력이 될 수 있다는 점과 대학가의 유동층 확보는 획기적인 발전의 밑거름이 될 수 있는 중요 포인트라는 점 말이다.

그리고 이곳은 재개발과 함께 인구 유입이 예정된 곳으로 발전에 탄력을 받을 수 있는 장점을 가진 곳이다. 활성화된 업종은 주로 요식업종과 유흥업종이며, 발전 일로에 있다. 관심을 가져야 할 상권 중에 하나다.

하지만 모든 일에 양지만 있을 수 없듯이 이곳은 지나치게 상승한

사진 7-16 건대입구역 상권은 요식업종과 유흥업종이 발달했다.

임대료와 권리금 상권의 활성화가 큰 걸림돌로 작용하고 있다. 주변 부동산에서 파악된 임대료와 권리금을 살펴보면 1, 2층의 경우 점포 개설 적정 면적인 100~165제곱미터(약 30~50평) 정도는 보증금이 적게는 1억 원에서 많게는 2~3억 원을 훌쩍 넘어서는 곳도 있었고, 영업 권리금이 무려 3~4억 원을 넘어서고 있다. 여기에다가 점포를 단장하는 인테리어 비용 등을 감안하면 점포를 개설하기 위한 초기 자본금이 지나치게 많이 든다.

이 문제점들이 어느 정도 해결되거나 보완된다면 건국대입구역을 중심으로 한 주변 상권은 앞으로도 계속해서 활황세를 유지할 것으로 보이고, 오히려 지금보다 다양한 상권으로 변모할 가능성을 충분히 보유하고 있다고 할 수 있다.

사진7-17 건대입구역 먹자골목

강남역 상권

강남역 상권은 가히 대한민국의 최고 상권으로 발전할 수 있는 조건을 완벽하게 갖춘 곳이다. 지하철 2호선, 신분당선, 용산을 잇는 전철의 개통은 가히 교통의 요지 중에 요지로 부상할 것이기 때문이다. 이미 개통한 9호선도 강남역 상권을 더욱 발전하도록 한몫하고 있다. 한편 대학생들의 통학버스 운행은 새로운 소비자층으로 부상한 젊은이들의 유입을 더욱 부채질하고 있다.

강남에 밀집한 사무실 빌딩은 직장인 소비자를 확보할 수 있는 굉장히 유리한 조건을 갖추고 있다. 더구나 새롭게 입주한 삼성타운은 가히 폭발적인 소비층의 유입이라 할 것이다. 그뿐만 아니라 앞으로 예정되어 있는 많은 개발 호재는 강남역 상권의 발전에 매우 긍정적인 요소로 작용하고 있다.

사진 7-18 강남역 상권은 유동인구가 넘쳐난다.

강남역 상권은 전형적인 물이 모이는 형국의 상권으로 풍수적인 관점에서도 다운타운이 형성될 요소를 고루 갖추었다. 양재역 쪽에서 흘러 내려온 물과 역삼동 쪽에서 흘러 내린 물과 교보타워 쪽에서 흘러 내린 물이 모두 모이는 곳으로 가히 천혜의 조건을 가졌다. 물이 모이는 곳은 사람들도 모여드는 법이니 자연 돈은 따라오는 것이다.

사람이 모이는 곳은 지가의 상승과 권리금의 상승과 수익의 상승을 가져오게 마련이다. 바로 이런 곳이 기회의 땅이다. 풍수적으로 강남 상권은 대한민국 최고의 상권이 될 수 있는 조건을 고루 갖춘 곳이라고 단언할 수 있다. 적극적으로 도전하여 성공의 달콤한 열매를 움켜잡는 기회로 적극 활용하기 바란다.

사진 7-19 고층 건물이 빽빽이 들어서 있는 강남역 상권

대로변의 이면 도로에 있는 상권들 중 강남역 상권은 일일 유동인구만 30만 명으로 명동, 코엑스와 더불어 서울의 3대 핵심 상권 중 하나로 부상하고 있다. 강남역 상권에 이렇게 많은 유동인구가 집중되는 것은 국내 최고의 승하차 인구(20만 명)를 자랑하는 강남역과 오피스 타운이 배후에 있기 때문이다.

그뿐만 아니라 사통팔달로 이어져 있는 교통 요지로 상권 형성의 요건을 고루고루 갖추고 있다. 서울에다 경기 남부권 대학의 수많은 통학생들이라는 엄청난 유동인구가 있기 때문에 20대 젊은층의 비중이 높아 이를 타깃으로 하는 패션업체들로부터 높은 관심을 받고 있는 상권이다.

이러한 점들이 서울의 3대 상권인 명동과 코엑스몰보다 그 가치가 크다고 볼 수 있다. 또한 2010년 판교 신도시와 분당을 연결하는 신분당선의 개통은 교통의 요충지 중의 요충지로서 그 면모를 드러내게 될 것이다. 분당과 판교의 인구를 끌어당기면서 더욱더 활성화된 상권으로 거듭나도록 날개를 달아주게 될 것이다. 정말 대단한 상권의 탄생을 예고하고 있는 것이라고 생각한다.

명동 상권

명동 상권과 남산은 밀접한 관련성이 있다. 북한산의 혈이 인왕산을 거쳐 남대문에서 숨고르기를 한 후 힘차게 솟구쳐 올라 만들어진 산이 남산이다. 보는 각도에 따라 다른 모습으로 보이는데 잠실 쪽에서 보면 누에의 형상이고 강남과 한남동 쪽에서 보면 그야말로 둥그런 노적봉의 형상을 하고 있다.

사진 7-20 한남대교에서 바라본 남산의 모습

풍수와 상권은 밀접한 관련성이 있는데 명동의 대표적인 명당 터가 바로 명당성당이다. 그곳을 중심으로 명동의 상권은 핵심을 이루고 있는데 어떻게 오늘날의 명동이 대한민국 최고의 상권으로 부상한 것일까?

풍수적인 관점에서 아름다운 모습을 가지지 못한 남산의 형상이 대한민국 최고의 상권이 된 밑바탕에는 다른 이유가 있다. 풍수적으로 부족한 부분을 정부 정책이 작용하여 보완한 결과다.

보다 자세히 살펴보면 조선시대까지만 해도 비교적 가난한 선비들의 주거지역이었던 명동은 일제강점기 때부터 충무로 일대의 발전과 더불어 상업지역으로 변화를 시도했다. 1960년대까지만 하더라도 독특한 분위기를 풍기는 예술의 거리에 불과했으나 1956년 이후 도

사진7-21 명동 상권

시재개발이 시행되면서 본격적인 개발이 이루어졌다. 그 후 들어선 백화점, 고층 건물군 들은 명동을 대한민국 최고의 상권으로 만들어 주었다.

그 후 명동 상권에 새로운 활력소로 등장한 것이 롯데백화점 명품관 에비뉴엘이다. 엔화 상승을 바탕으로 한 일본 관광객들의 명품 쇼핑 열기는 명동이 재도약하는 계기를 만들었다. 그리고 신세계백화점의 리모델링과 함께 교통 여건도 이전보다 편리해졌는데 이는 상권의 발전과 큰 관련성이 있다. 그뿐만 아니라 주변의 고층 건물은 풍부한 인적자원을 품고 있으므로 오늘날의 명동 상권을 이끌어가는 원동력이라 생각된다.

신촌·이대 상권

1980년대에 대학을 다닌 사람들에게 신촌은 젊은이들의 거리였다. 신촌은 젊은이들의 유행을 선도하고 문화를 만들어가던 곳이었다. 이 상권 주변으로 8개의 대학이 있어 유동인구를 확보할 수 있는 조

사진7-22 신촌 상권은 젊은층이 핵심을 이룬다

사진7-23 신촌 그랜드마트

건을 완벽하게 갖추고 있다. 거기에다 2호선과 6호선의 개통은 더 많은 유동인구가 접근할 수 있도록 훌륭한 발 노릇을 하고 있다. 신촌 상권의 범위는 동쪽으로 녹색극장(현 아트레온 극장), 서쪽으로 현대백화점, 남쪽으로 신촌 로터리, 북쪽으로 연세대학교까지 포함한다.

신촌 상권에는 현대백화점, 그랜드마트가 있으나 여건상의 제약으로 상업시설이 대형화하는 데 한계가 있어 약점이기도 하다. 신촌 상권의 주 다깃층이 20~30대임을 감안할 때 신촌 상권은 앞으로도 지속적인 성장이 예상된다.

신촌 상권은 전형적으로 물이 모여드는 곳에 자리 잡고 있다. 이대가 있는 아현동 고개의 높은 언덕은 접근성이 상당히 떨어지는 약점이 있는데 반해 신촌 상권은 평지에 있어 물이 모여드는 지형으로, 상당히 좋은 입지적 조건을 갖췄다고 판단된다. 그리고 교통 여건의 편리성과 주변 대학가 덕분에 풍부한 유동인구를 확보할 수 있는 것도 장점이다.

대학로 상권

연극이라는 코드로 새롭게 등장한 대학로 상권은 가히 특급 상권 중의 하나로 급부상했다. 1980년대 신촌과 명동 등에 있던 소극장들이 높은 임대료를 감당하지 못하고 이곳으로 몰려들면서 문화의 거리로 발전하기 시작했다. 그러고 나서 지하철 4호선 개통으로 인구 유입이 빠르게 늘어나면서 강북의 대표 상권인 명동, 동대문과 함께 초대형 상권으로 자리 잡게 되었다.

대학로 상권은 공연문화의 메카로서 형성되었으며 젊은층의 문화

사진 7-24 대학로 상권

사진 7-25 공연문화의 메카로 발돋움한 대학로

의식과 맞아 떨어지면서 젊음이 넘쳐나는 상권으로 발전하고 있다. 또한 대학로 상권은 이름에 걸맞게 인근에 성균관대학교, 서울의과대학, 가톨릭신학대학교, 한국방송통신대학교 등 4개의 대학교가 있어 거리를 젊은이들이 꽉 메우고 있다.

대학로의 풍수적 특징을 살펴보면, 일단은 굉장히 푸근하다는 느낌을 받는다. 평지가 주는 편안함과 주변의 낮은 언덕이 감싸주는 부드러움은 디할 수없이 편안함으로 디가와 사람들에게 부담 없는 인락한 공간을 제공한다. 사람은 누구나 부담 없는 따뜻함과 편안함을 추구하기 마련인데 이곳은 그 조건을 잘 갖춘 곳이라 판단된다.

동대문 상권

동대문은 서울의 청룡에 해당되는 곳으로 예부터 청룡이 약하다는 평가를 받았다. 그 부분을 보완하기 위해 건설한 것이 동대문이다. 부족함을 보완하고자 동대문의 현판 글씨에 '之(갈지 자)'를 하나 더 넣어 '흥인지문'이라 했다는 전설을 가진 곳이다.

동대문 상권은 동대문으로 흘러 내려온 산 능선이 청계천을 만나 더 행룡을 하지 못하고 멈춘 곳, 즉 청계천을 중심으로 양쪽에 보금자리를 틀고 앉아 있다. 산과 물이 조화를 이루고 있을 뿐만 아니라 누구나 접근하기 편리한 평지에 있어 발전하는 상권으로서 가져야 하는 입지적인 요소를 고루 가지고 있는 곳이다.

이곳은 재래시장의 친근감과 현대 쇼핑몰의 편리함을 동시에 가지고 있어 시대의 흐름에 발 빠르게 변신한 상권의 대표주자다. 두타 쇼핑몰로 대표되는 동대문 상권은 완벽하게 현대적인 모습을 하고

사진7-26 서울의 청룡에 해당하는 동대문

사진7-27 젊은층 상권을 대표하는 두타 쇼핑몰 내부

있어 젊은이들의 취향에 잘 맞아 떨어지고 있으며, 재래시장인 평화시장과 신평화시장은 옛 정취를 간직하면서도 현대 상업시설의 장점을 적절히 도입하여 편리함을 함께 추구한다. 대한민국을 대표하는 패션 상권의 1번지로서 앞으로 상당한 발전을 기대해 본다.

그리고 상권 형성에 결정적인 요소로 작용하는 교통 문제에서도 가히 최고라 할 만한데 지하철 2호선, 4호선, 5호선이 환승하는 곳이다 보니 접근성이 뛰어남은 더할 수 없는 장점이다.

발전 가능성을 내포한 상권

대표적인 상권들을 분석해 보았는데 몇 가지 공통점을 찾아볼 수 있다. 첫째는 평지라는 점이다. 평지는 접근성과 이동성에서 월등하게 유리한 조건이다. 둘째는 역세권이라는 것이다. 최소 한 대의 전철노선이 연결되어 있으며 많게는 3~4개의 전철이 교차하고 있어 교통이 굉장히 편리한 곳이다. 셋째는 젊은이들이 모여들기 좋은 대학가가 가까이 있다는 점이다. 넷째는 나름의 독특한 테마를 가졌다는 것이다. 명동과 동대문은 패션 1번지라는 점이고, 홍대는 클럽문화가 대표성을 가지며, 신촌·이대 상권은 젊음이 넘쳐나는 거리이며, 대학로는 공연문화의 메카라는 장점이 있다. 그렇다면 앞으로 무한한 발전 가능성을 내포하고 있는 상권에는 어떤 곳이 있을까?

이수역 상권

4호선과 7호선이 교차하고 강남과 강북이 서로 교차하는 지점에 있는 이수역 상권은 앞으로 발전할 상당한 가능성을 내포하고 있는 상권이다. 널따란 평지에 자리 잡아 이동하기도 편하고 확장해 가기에도 제약이 적다고 판단된다. 상권이 확장되려면 소비층이 확보되어야 하는데 주변에 오피스텔과 사무실, 백화점, 아파트 등이 고르게 분포하고 있어 상권이 발전할 여지가 크다. 게다가 지하철 환승역은 아주 큰 이점으로 작용한다. 지금까지 4호선 주변으로 발전했다면 앞으로는 7호선 주변으로 상권이 비약적으로 발전할 여지를 가지고 있다. 7호선 쪽이 상권이 형성되기 좋은 조건을 갖추고 있다고 판단된다.

사진 7-28 이수역 상권

관악산의 정기를 받은 능선이 대림아파트와 우성아파트를 지나 동작동 국립묘지로 이동하면서 만든 둥그런 보국과 우면산의 낙맥이 만든 방배동 능선이 서로 어우러져 이수역 상권을 환포하고 있다. 상당히 넓은 보국 안에 만든 평탄형의 명당은 사람들에게 편안함을 제공하고 강한 흡입력으로 작용하고 있다.

판교·분당선과 만나는 강남역 상권

이미 대한민국 최고의 상권인 강남역 상권은 앞으로도 비약적으로 발전할 것이다. 현재 뉴욕제과 쪽과 시너스 극장 쪽이 보다 탄력적으로 발전했다면, 앞으로는 삼성사옥 쪽으로 급격한 발전과 확장이 이루어질 여지가 크다. 칠성사이다 부지가 개발되면 더욱더 탄력을 받을 것이다.

서울대입구 상권

고시촌과 순대촌으로 대변되는 신림사거리 일대 상권은 서울대학교라는 후광을 등에 업고 발전을 거듭하고 있는데, 계속 발전할 것으로 판단된다. 취업하기 어려운 현실 때문에 고시촌의 수요는 더욱 많아질 것으로 판단되며, 서민의 음식인 순대는 지역적인 특성과 정확히 부합하여 확장될 여지가 크다.

관악산의 강한 화성체 기운과 신림천의 조화는 굉장히 강한 기운을 만들어 내 쭉 뻗어나갈 기세다. 즉, 관악산의 기운이 부드럽게 탈살하면서 야산을 이룬 지역에 서울대학교에서 흘러 내려온 신림천이 만나 음양의 조화를 이룬 곳이기 때문이다. 강한 화성체의 관악산과 구비구비 흘러온 수성체의 신림천은 상충적인 형세에서 오히려 강한 반전의 기운으로 작용하고 있다.

김포공항 상권

예전에는 공항이 도심에서 멀리 떨어져 있고 접근성이 떨어져 불편했으나 5호선과 9호선이 개통되면서 획기적으로 개선되었다. 그뿐만

사진7-29 고시촌 골목

사진7-30 서울대입구 상권

사진**7-31** 김포공항 상권

아니라 가양, 등촌 일대의 논들이 개발되면 가히 폭발적인 수요층의 확보가 이루어질 것으로 판단된다. 이미 갖추어진 기반 시설에 수요층이 확장되면 상권의 발전을 이룩할 수 있는 조건을 갖추게 되는 것이다. 그리고 이동성과 접근성을 보장하는 평지라는 장점은 더욱 발전할 수 있는 지형적인 바탕까지 가진 것이다.

개화산의 품안에 안긴 드넓은 김포공항의 활주로는 세계로 뻗어가는 중요 기능을 수행했으나, 현재는 쇼핑센터로 개발되어 영업하고 있다. 개화산이 한강을 만나 행룡을 멈추고 우뚝 머리를 쳐들어 하나의 큰 명당을 만들게 되는데, 그것이 김포공항이다. 이와 같이 끝없이 펼쳐진 평지는 무엇이든지 품에 안고 만다.

가양동 상권

현재는 크게 상권이 형성되지 못하고 있으나 가양 지구의 드넓은 농지가 개발되고 입주하는 시점에 가서는 상당한 폭발력으로 등장할 수 있는 다크호스라 생각된다. 산의 기운이 완전히 탈살되어 순한 야산으로 바뀌어 능선이 없는 것처럼 보이지만 내재된 기운은 그 어떤 용맥보다도 강한 기운을 포함하고 있다. 상당히 기대되는 상권이다.

노량진 상권

학원가로 자리매김한 지 오래인 노량진은 1호선과 9호선이 교차하는 등 굉장히 큰 잠재력을 가지고 있다. 주변에 중앙대학교와 숭실대학교 등의 대학가가 있고, 대표적인 학원가인 점 등으로 이곳의 잠재력을 엿볼 수 있다. 거기에 서울시의 뉴타운으로 지정되어 재개발이

사진7-32 가양동 상권

노량진역
Noryangjin Station
노량진민자역사로 새롭게 탄생합니다
난다랑 커피숍
Coffee & Drink
난다랑 정상영업 합니다
노량진 민자역사 홍보관
Culture Shopping Mall
김안과

비상에듀
비상에듀
비상에듀학원
24시간
전일제

사진 7-33 노량진 상권

이루어지게 되면 가히 폭발적인 상권이 될 것이다. 노량진역과 뒤쪽의 높은 언덕 때문에 확장에 한계성을 드러냈으나 신길동 쪽과 장승백이 등의 평지 쪽으로 확장 가능하므로 문제는 해결될 것으로 보인다.

장기적인 관점에서 보면 굉장히 확장될 상권이라 생각된다. 관악산의 한 줄기가 한강을 만나 더 가지 못하고 멈추면서 황급하게 목을 숙여 물을 마시는 형국이 바로 노량진이기 때문이다. 한강이 반배한 면이 약점이라면 약점이겠지만 각 골짜기에서 모여든 물이 한곳으로 모이는 형국이므로 음양의 조화는 이룬 곳이라 판단된다. 목마른 용이 한강에 고개를 떨구고 물을 마시는 형국이니 물 관련 업종이 상당히 성업을 이룰 수 있는 곳이라 판단된다.

용산역 상권

용산 개발과 함께 뜨는 곳이 용산역 상권이다. 근처에 있는 효창공원에는 김구 선생을 비롯한 독립 선열들이 묻혀 있다. 원래 이곳은 정조의 장자인 효명세자가 묻혀 있던 곳이다. 정조는 풍수에 상당한 일가견을 가진 임금이었으며 자신의 아버지 사도세자의 묘자리를 위해서도 풍수를 깊이 연구한 인물이다. 정조는 자신의 큰아들 효명세자가 일찍 죽자 심사숙고해서 선정한 효창공원 안에 묻었다. 남산의 기운이 흘러와 푸근함으로 뭉친 곳이기 때문이다. 이곳은 숙명여자대학교의 젊은층과 함께 상당한 시너지 효과를 낼 수 있는 곳이라 판단된다.

1호선 용산역과 근처의 4호선 신용산역 등이 교통의 편리성을 제공하고, 넓은 평지로 이루어져 있으며, 오피스 빌딩들로 인해 수요층

사진 7-34 용산 상권의 핵심인 전자상가와 I'PARK백화점

은 충분히 갖추고 있다. 앞으로 용산은 제2의 강남으로 자리매김할 지역으로 판단된다.

인사동 상권

경복궁의 좌측 맥이 흘러내려 푸근하게 보국을 만든 곳이 바로 인사동으로 현대와 과거가 절묘하게 조화를 이루고 있다. 인사동은 우리 문화를 세계인들에게 보여주고 아름다움을 뽐내는 장소다. 골목 골목마다 한정식집이 들어서 있는데 음식이 맛깔나다. 갤러리들이 집합되어 있어 문화의 거리이기도 한 인사동 거리를 찾을 때마다 정겨움과 푸근함이 느껴지는데 한국적인 색채 때문인 것 같다.

이곳은 현재 고평가된 곳으로 알려져 있는데 좀더 발전할 여지가 있으나 동시에 한계성을 가지고 있다. 하지만 필자는 이곳에 높은 점수를 주고 싶다. 앞으로 사람들이 소득이 증가할수록 문화에 대한 욕

사진 7-35 한국의 색채가 살아 있는 인사동 상권

사진 7-51 인사동 상권은 외국인 소비층도 한몫하고 있다.

구는 더 증가할 것이고 우리 것을 지키고자 하는 욕구는 더욱 커질 것이기 때문이다.

새로운 소비의 주체

20대와 여성은 확실히 소비의 중요한 축을 형성하고 있다. 수요가 있으면 당연히 공급이 있어야만 한다. 새로운 소비 주체의 요구에 부응해야만 하는데 이들의 즉흥적이고 서구지향적인 트렌드는 기성세

사진 7-37 여성 취향의 외관

사진 7-38 톡톡 튀는 아이디어가 돋보인다.

대들이 따라가기 어려운 측면이 있다. 트렌드를 이끌고 새로운 트렌드를 창조할 수 있는 젊은층들을 중심으로 새로운 상권은 형성되고 유지된다. 인스턴트식품과 퓨전음식과 클럽문화 등이 대표적이라 할 수 있다.

고급화되는 추세

1980년대의 대학 문화는 최루가스, 생맥주, 당구 등과 같은 것이었으나 현재의 대학 문화에서는 찾아보기 어려운 것이 현실이다. 21세기의 문화는 보다 화려하고 현대화하는 경향을 보이는데 고급스러운 인테리어는 기본이 된 지 오래다. 이러한 소비 주체의 욕구는 변화하여 지속적으로 새로운 트렌드의 창조를 원하고 있다.

사진7-39 깔끔한 외관은 필수적인 요소이다.

지하철은 돈맥의 필수 요건

지하철이 복잡한 시내를 이동하는 가장 중요한 교통수단으로 등장한 상황에 대학생이라는 특정 소비자들이 합쳐지면 가히 폭발적인 상권을 만들어 내게 된다.

대중들이 이용하기 편하고, 저렴한 교통비에 버스와 환승이 가능해지면서 지하철의 가치는 더 커졌다. 사통팔달로 거미줄처럼 이어진 지하철 망은 대중들의 발 빠른 교통수단으로서 마력을 가지게 되었고, 새로운 교통수단은 새로운 상권과 문화를 창조할 수 있는 가장 큰 위력을 가지게 되었다. 그뿐만 아니라 부동산 시장에서도 굉장한 위력으로 등장하여 단숨에 아파트 가격을 올려 놓는다. 따라서 지하철은 현대사회에서는 가장 큰 돈맥의 창조자라 할 수 있다.

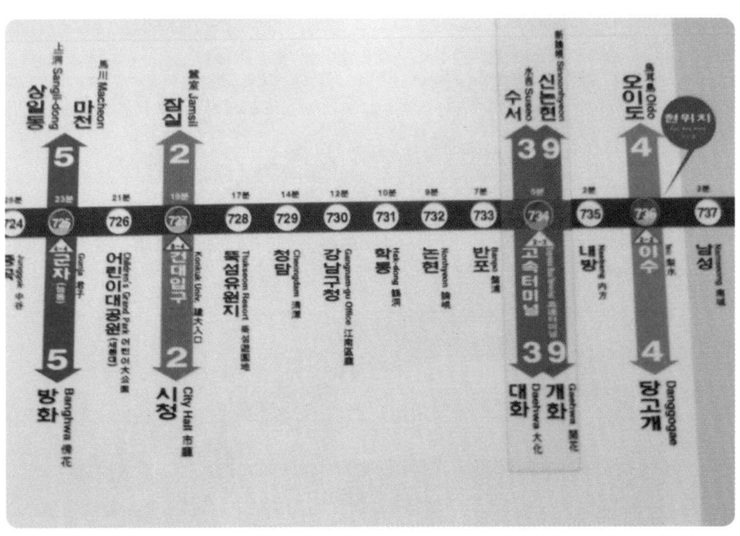

사진 7-40 지하철은 새로운 상권을 만들어 낸다.

교육열, 새로운 상권의 탄생

대치동, 목동, 상계동은 대표적인 학원가다. 학원가는 주변의 부동산 시장을 좌지우지하는 중요한 요소로 등장한 지 오래이다. 학원가들이 모여들면 10대 학생들이 선호하는 새로운 상권이 형성되는 것은 당연한 수순이다. 지역적인 특색에 맞는 새로운 상권의 등장은 전문화되어 가고 특화되어 가는 현대 사회의 추세와도 일맥상통하고 있다.

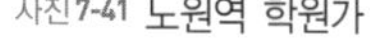
사진7-41 노원역 학원가

사진7-41 대치동 학원가

장사 잘되는 집, 나만의 노하우

여성이 소비의 주 고객층이다

여성이 주요 구매층으로 부상했으므로 여성의 눈높이와 취향과 심리를 만족시킬 수 있는 마케팅이 필요하다. 앞으로 갈수록 여성의 힘은 확대될 수밖에 없는 사회구조를 하고 있다.

고령화 사회에 따른 소비층의 변화

인간 수명의 증가에 따라 사회의 부를 움켜쥐고 새로운 소비층의 한 축으로 등장한 노년층에게는 새로운 마케팅이 필요하다. 친철함을 바탕으로 나이듦으로 약해지기(혹은 삐지기 쉬운) 쉬운 심리 상태를 어루만져 주는 감성마케팅은 필수다. 약해진 치아와 청력과 시력 등 신체적인 면에 초점을 맞춰야 한다.

소비 패턴의 변화

소비 패턴도 양에서 질로 변화된 지 오래이다. 그뿐만 아니라 서구화된 음식문화와 소비문화가 주를 이루고 있다. 갈수록 편리하고 빠르고 친절한 서비스를 요구하고 있다. 단순히 물건을 파는 시대는 끝났으며 서비스를 팔고 소비자를 감동시키는 시대로 발전하고 있다. 여기에 자신만의 노하우와 서비스가 가미되지 않으면 살아남기 어려운 시대다.

다이어트가 대세이다

날씬한 몸매 유지를 바라는 소비자의 요구에 부응해야 한다. 소비자들은 맘껏 먹을 수 있으면서 살은 찌지 않길 원한다. 저칼로리에 포만감을 주는 메뉴 개발이 필요하다. 음식이 맛있어야 함은 말할 필요도 없다. 여기에 식재료의 원산지를 표시하고 칼로리를 표시하는 것은 기본 아닐까?

빠른 서비스는 경쟁력이다

한국인들의 '빨리빨리' 문화는 고쳐야 한다는 의견이 지배적일 때가 있었다. 이를 한국인들의 문제로 인식하기도 했지만 그것은 오히려 속도를 요하는 산업의 발전을 촉진하는 계기가 되었고, 세계적인 경쟁력을 가지는 결과를 낳았다. 한국인의 뿌리 깊은 문화에 부응하는 것 또한 경쟁력이 된 지 오래다. 손님이 원하면 만족할 수 있는 서비스가 필요한 것이다.

남·녀의 차이에 따른 서비스의 차별화

남녀는 신체의 차이만큼이나 생활방식, 소비형태, 서비스에 대한 반응이 다르다. 차이에 맞는 공간 구성과 서비스의 차별성을 가져야 한다. 요즘은 여성 전용 혹은 남성 전용 같은 업소들이 등장하고 있는데, 성별에 따른 새로운 형태의 업종이 등장한 것이라고 생각한다.

참고문헌

국내 서적

김광언, 《풍수지리》, 대원사, 1993.
김용환 외, 《건축계획각론》, 서우, 2008.
노병한, 《음양오행사유체계론》, 안암문화사, 2005.
박시익, 《한국의 풍수지리와 건축》, 일빛출판사, 286.
박주봉, 《한국풍수지리의 원리》, 관음출판사, 2002.
서선술/서선계 저·김동규 역, 《인자수지》, 명문당, 1992.
서유구 저·안대회 역, 《산수간에 집을 짓고》, 돌베개, 2006.
손정고, 《풍수지리해설집》, 신지서원, 2002.
신광주, 《정통풍수지리 원전 1·2·3》, 명당출판사, 1994.
유화정, 《신 풍수인테리어》, 예가, 2008.
이상인, 《행운을 부르는 인테리어》, 명상, 2003.
이성천, 《우리집 풍수》, 문원북, 2005.
이중환 저·노도양 역, 《택리지》, 명지대학교 출판부, 1975.
이태희, 《십승지》, 참나무, 1998.
이한종, 《풍수지리학》, 오성출판사, 1997.
임영서, 《음식점 경영 이렇게 성공한다》, 미래지시, 2006.
임준, 《좋은 땅 좋은 집》, 한국자료정보사, 1991
정경연, 《정통풍수지리》, 평단문화사, 2003.
______, 《부자되는 양택풍수》, 평단문화사, 2005.
조인철, 《부동산 생활풍수》, 평단문화사, 2007.
______, 《우리시대의 풍수》, 민속원, 2008.
천인호, 《풍수사상의 이해》, 세종출판사, 1999.
무라야마 지준 저·최길성 역, 《조선의 풍수》, 민음사, 1990.
최창조, 《한국의 자생풍수 1·2》, 민음사, 1997.
______, 《한국의 풍수사상》, 민음사, 1984.

중국 서적

王其亨, 《風水地理理論研究》 天津大學出版社, 1992.
林徽因, 《風生水起》, 團結出版社, 2007.
楊文衡, 《中國風水十講》, 華夏出版社, 2007.
何曉昕·羅雋, 《中國風水史》, 九州出版社, 2008.

高友謙,《中國風水文化》, 團結出版社, 2006.
趙玉材,《繪圖地理五訣》, 華齡出版社, 2006.
毛上文 溫芳,《陰陽宅風水》, 團結出版社, 2008.
哀守定,《堪輿大全》, 華齡出版社, 2006.
蔣平階 輯, 李峰 整理,《水龍經》, 海南出版社, 2003.
于希賢·于涌,《風水理論與實踐 上券》, 光明日報出版社, 2005.
袁守定, 李非·白活 主譯,《地理啖蔗錄》, 華齡出版社, 2006.
吳少珉·徐金星,《河洛文化通論》, 光明日報出版社, 2006.
王玉德,《尋龍點穴》, 中國電影出版社, 2006.
張茗陽,《生存風水學》, 學林出版社, 2005.
唐智波,《八卦日晷》, 宗教文化出版社, 2005.
高友謙,《理氣風水》, 團結出版社, 2006.
邵偉華,《中國風水秘策》, 中州古籍出版社, 2007.
褚良才,《易經 · 風水 · 建築》, 學林出版社, 2004.

연구 논문

박정해, 〈동·서사택론 이론체계의 고찰〉, 한국건축역사학회 2008년도 춘계학술발표대회논문집, 313~326쪽, 2008.
_____, 〈동구릉 좌향에 대한 지리신법 적용여부에 관한 연구〉, 한국건축역사학회 추계학술발표대회논문집, 331~342쪽, 2008.
이강훈, 〈건축적 사고로서의 음양개념의 분석〉, 대한건축학회 통권 17권, 1998.
이몽일, 〈韓國風水思想의 現代地理學的 意義와 課題〉, 《지리학논구》 제9호, 경북대학교 사회과학대학 지리학과, 1988.
전미경, 〈《택리지》의 可居地 경관특성에 관한 연구〉, 성균관대학교 박사학위논문, 1995.
정경연, 〈강남·서초구의 풍수지리적 특성 연구〉, 대구한의대 석사학위논문, 2004.
최창조, 〈韓民族 吉地樂土 思考概念에 대한 地理學的 해석〉, 《지리학논총》 제14호, 서울대학교 사회과학대학 지리학과, 1987.
최희만, 〈전통취락의 지형적 특성과 주거입지 적합성 분석〉, 경북대학교 박사학위논문, 2000.
한동수, 〈통도사의 영역구조 분석과 형성과정 연구〉, 한양대학교 석사학위논문, 1988.

기타

사단법인 정통풍수지리학회(http://www.poongsoojiri.co.kr)

풍수명당이 부자를 만든다

박정해 지음

발 행 일 초판 1쇄 2010년 10월 15일
발 행 처 평단문화사
발 행 인 최석두

등록번호 제1-765호 / 등록일 1988년 7월 6일
주 소 서울시 마포구 서교동 480-9 에이스빌딩 3층
전화번호 (02)325-8144(代) FAX (02)325-8143
이 메 일 pyongdan@hanmail.net
I S B N 978-89-7343-333-9 03980

이 도서의 국립중앙도서관 출판시도서목록(CIP)은 e-CIP 홈페이지
(http://www.nl.go.kr/ecip)에서 이용하실 수 있습니다.
(CIP제어번호: CIP2010003588)

저희는 매출액의 2%를 불우이웃돕기에 사용하고 있습니다.